Schriften der Mathematisch-naturwissenschaftlichen Klasse
der Heidelberger Akademie der Wissenschaften
Nr. 14 (2004)

Willi Jäger
Susanne Krömker · Eike Wolgast
Herausgeber

Der Heidelberger Karl-Theodor-Globus von 1751 bis 2000

Vergangenes mit gegenwärtigen Methoden für die Zukunft bewahren

Mit 91, davon 26 farbigen Abbildungen

Springer

Prof. Dr. Dres. h.c. Willi Jäger
Dr. Susanne Krömker
Interdisziplinäres Zentrum für Wissenschaftliches Rechnen
der Universität Heidelberg
Im Neuenheimer Feld 368, 69120 Heidelberg, Germany
jaeger@iwr.uni-heidelberg.de
kroemker@iwr.uni-heidelberg.de

Prof. Dr. Eike Wolgast
Historisches Seminar der Universität Heidelberg
Grabengasse 3–5, 69117 Heidelberg, Germany
eike.wolgast@urz.uni-heidelberg.de

ISBN-13: 978-3-540-21875-3 e-ISBN-13: 978-3-642-59303-1
DOI: 10.1007/978-3-642-59303-1

Bibliografische Information der Deutschen Bibliothek
Die Deutsche Bibliothek verzeichnet diese Publikation in der Deutschen Nationalbibliografie; detaillierte bibliografische Daten sind im Internet über http://dnb.ddb.de abrufbar.

Springer-Verlag ist ein Unternehmen von Springer Science+Business Media
springer.de

Reprint of the original edition 2004

Umschlaggestaltung: Erich Kirchner, Heidelberg
Satz und Umbruch durch PublicationService Gisela Koch, Wiesenbach
mit einem modifizierten Springer LaTeX-Makropaket
Gedruckt auf säurefreiem Papier 08/3150hs 5 4 3 2 1 0

Inhaltsverzeichnis

1

Zur Einführung: Interdisziplinarität – und ein Erdglobus des 18. Jahrhunderts

Eike Wolgast

Historisches Seminar der Universität Heidelberg, Grabengasse 3–5,
69117 Heidelberg, Germany – *eike.wolgast@urz.uni-heidelberg.de*

Der Begriff Interdisziplinarität ist erst Anfang der sechziger Jahren des 20. Jahrhunderts in die deutsche Wissenschaftssprache bzw. Methodologie eingeführt worden;[1] schon zehn Jahre später wurde festgestellt, dass „interdisziplinäre Zusammenarbeit in jedermanns Munde" sei. Damit verbunden, wurde auch gleich die „gesellschaftspolitische Relevanz interdisziplinärer Zusammenarbeit" angemahnt.[2] Hinter dem Postulat der Interdisziplinarität stand und steht letztlich die Sehnsucht nach und die Vorstellung von der einen Wissenschaft sowie das Unbehagen an der progredierenden Aufgliederung der scientia universalis in sehr unterschiedliche Einzeldisziplinen seit Beginn der modernen Wissenschaftsentwicklung. Interdisziplinarität soll, ideal verstanden, ein Stück dieser verlorenen Einheit zurückgewinnen, die Utopie wenigstens partiell realisieren.

In der wissenschaftlichen Praxis geht es bei der Forderung nach Interdisziplinarität freilich sehr viel nüchterner darum

- die Grenzen der Einzelwissenschaften durchlässig zu machen,
- die hermetischen Zirkel aufzubrechen,
- die Spezialisten zu ermutigen, auch vermeintlich fachfremde Erwägungen in ihre Fragehorizonte einzubeziehen,
- das Spektrum der Herangehensweisen an ein Problem zu erweitern,
- die Einzeldisziplinen in Kommunikation zueinander zu setzen.

Dabei behält jede Einzelwissenschaft durchaus ihr Eigenrecht und ihre autochthone Bedeutung. Sie soll sich aber herausgefordert sehen, wieder etwas von der Einheit der Wissenschaft zu erfahren, sich im Bemühen um das Problem der „Wissenschaft als solche"[3] als Teil eines Ganzen zu verstehen. Wilhelm von Humboldt forderte in seinem bahnbrechenden Reformentwurf 1809/10, bei der „inneren Organisation der höheren wissenschaftlichen Anstalten" das „Princip zu erhalten, die Wissenschaft als etwas noch nicht ganz Gefundenes und nie ganz Aufzufindendes zu betrachten

[1] Holzhey (1976), Sp. 476–478.
[2] Jochimsen (1974), S. 9.
[3] Humboldt (1903), S. 254.

und unablässig sie als solche zu suchen".[4] Durch interdisziplinäre Zusammenarbeit lässt sich diese Suche effektiver und facettenreicher gestalten – Erkenntnisgewinne ganz unterschiedlicher Provenienz bündeln sich.

Im allgemeinen wird Interdisziplinarität auf die universale Dimension verzichten und sich auf die Zusammenarbeit ausgewählter Einzelwissenschaften begrenzen. Für die Formen, in denen diese Zusammenarbeit geschehen kann, hat sich eine ganze Kasuistik von Begrifflichkeit entwickelt: Multidisziplinarität als Untersuchung eines Problems durch mehrere Einzelwissenschaften, die unabhängig voneinander arbeiten; Intradisziplinarität, wobei eine Wissenschaftsdisziplin Konzepte und Methoden anderer Disziplinen übernimmt; echte Interdisziplinarität als gemeinsame Untersuchung eines Problems durch mehrere Wissenschaftsdisziplinen.[5]

Bei der Arbeit am Heidelberger „Karl-Theodor-Globus" hat es sich gewissermaßen um eine Mischform von Multi- und Interdisziplinarität gehandelt. Verschiedene Einzelwissenschaften haben sich mit demselben Untersuchungs- und Forschungsgegenstand je von ihrer Fragestellung aus und mit ihren Methoden beschäftigt, haben aber gleichwohl in dieser Beschäftigung mit dem Objekt auch befruchtend aufeinander eingewirkt bis zu dem Punkt, dass die Fragestellung der einen Disziplin ohne das Antwortenangebot der anderen gar nicht eingelöst werden konnte.

Das gemeinsame Objekt ist ein Erdglobus aus der berühmten Werkstatt von Didier Robert de Vaugondy, den Karl Theodor von der Pfalz erworben hatte und der in höchst unvollkommenem Zustand 1995 in der Heidelberger Universitätsbibliothek wieder entdeckt wurde. Wozu brauchte ein Kurfürst des Heiligen Römischen Reiches Deutscher Nation einen Globus? Karl Theodor, den sein berühmterer Zeitgenosse Friedrich der Große das „Glücksschwein" nannte, weil ihm alles zufiel, ohne dass er sich im Gegensatz zum Preußenkönig um etwas zu bemühen brauchte – vom nachgeborenen Pfalzgrafen des Zwergterritoriums Neuburg-Sulzbach stieg er zum Kurfürsten von der Pfalz und Herzog von Jülich-Berg auf, um schließlich auch noch Bayern zu erben –, stand auf der Höhe der Bildung seiner Zeit. Ein englischer Diplomat gab seinen Eindruck von ihm in dieser Weise wieder: „Wenige jetzt lebende Fürsten, ausgenommen der König von Preußen, haben ihren Geist fleißiger und mit größerem Erfolge ausgebildet. Seine Belesenheit ist außerordentlich."[6]

Zur Repräsentation seines Ranges gehörte es für den spätbarocken Herrscher, sich als Mäzen der Künste und als Förderer der Wissenschaften zu profilieren. Bibliothek, Naturalienkabinett, Gemäldegalerie und Münzsammlung dienten – mindestens auch – als Statussymbol, ebenso eine moderne wissenschaftliche Gesellschaft, wie die 1763 in Mannheim gegründete Kurpfälzische Akademie der Wissenschaften mit einer historischen und einer naturwissenschaftlichen Klasse (seit 1780 als dritte noch die meteorologische Klasse). Ein Erd- und ein Himmelsglobus – Karl Theodor verfügte in seiner Bibliothek über je ein Exemplar – assoziierte Neugier, Informationslust und Weltläufigkeit. Aber Karl Theodor besaß offenkundig auch ein genuines Interesse an

---

[4] Ebd., S. 253.

[5] Zusammenfassend METTE (1996), Sp. 557f. – In „Religion in Geschichte und Gegenwart", 4. Aufl., Bd. 4 (Tübingen 2001) fehlt das Stichwort.

[6] Zitiert nach DOEBERL (1928), S. 339 (ohne Beleg).

Wissenschaften, vor allem an Physik und Astronomie. Die von ihm erworbenen Globen befanden sich daher nicht nur als Schaustücke in seiner Privatbibliothek, sondern auch in der Mannheimer Sternwarte sowie im Heidelberger „Physikalischen Museum" der Universität für Lehrzwecke.

Das vernachlässigte und ramponierte Heidelberger Exemplar des Erdglobus ist auf Initiative von Dr. Hermann Josef Dörpinghaus, damaligem Direktor der Universitätsbibliothek Heidelberg, mit Hilfe von Mäzenen nahezu in seinen alten Zustand zurückversetzt worden. Wie die Beiträge des Bandes zeigen, waren an diesem Werk der Wiederherstellung und der Bewusstmachung der Bedeutung des Objekts sehr unterschiedliche Wissenschaftsdisziplinen beteiligt: Mathematik und wissenschaftliches Rechnen, Geschichte und Kunstgeschichte, Restaurierungskenntnis und -technik sowie das zur Materialisierung aller Berechnungen und Überlegungen erforderliche handwerkliche Geschick. Dass sich mit dem konkreten Projekt „Karl-Theodor-Globus" weiterreichende, auch grundsätzliche Fragen verbinden ließen, wird in allen Aufsätzen erkennbar. Ein Beitrag ist in englischer Sprache abgefasst, da sie heute im Gegensatz zur Karl-Theodor-Zeit die lingua franca der Naturwissenschaften ist.

Wilhelm von Humboldt unterschied Universität und Akademie nach dem Grad der Verbindlichkeit wissenschaftlicher Kommunikativität: „Die Lehrer der Universität stehen unter einander in bloss allgemeiner Verbindung über Punkte der äusseren und inneren Ordnung der Disciplin; allein über ihr eigentliches Geschäft theilen sie sich gegenseitig nur, insofern sie eigene Neigung dazu führet, mit; indem sonst jeder seinen eigenen Weg geht. Die Akademie dagegen ist eine Gesellschaft, wahrhaft dazu bestimmt, die Arbeit eines Jeden der Beurtheilung Aller zu unterwerfen."[7] Diesem Verständnis entsprechend, sind die Schriften der Heidelberger Akademie der Wissenschaften der geeignete Ort für die Veröffentlichung der Studien zum Karl-Theodor-Globus von 1751. Der Dank aller Beteiligten gebührt den beiden Klassen der Akademie, dass sie der Aufnahme in die Schriftenreihe zugestimmt haben. Dem Zweck der Akademie als „die höchste und letzte Freistätte der Wissenschaft"[8] entspräche es, wenn sich die Zusammenarbeit von in der Akademie vertretenen wissenschaftlichen Disziplinen zukünftig auch an anderen Themen bewährte.

Literatur

[DOEBERL (1928)] Doeberl, Michael: Entwicklungsgeschichte Bayerns, Bd. 2, 3. Aufl. (München 1928).

[HOLZHEY (1976)] Holzhey, Helmut: Interdisziplinär. In: Historisches Wörterbuch der Philosophie, Bd. 4 (Basel 1976), Sp. 476–478.

[HUMBOLDT (1903)] Humboldt, Wilhelm von: Über die innere und äussere Organisation der höheren wissenschaftlichen Anstalten in Berlin (1810). In: Ders., Gesammelte Schriften, Bd. 10 (Berlin 1903), S. 250–260.

---

[7] HUMBOLDT (1903), S. 258.

[8] Ebd.

[JOCHIMSEN (1974)] Jochimsen, Reimut: Zur gesellschaftspolitischen Relevanz interdisziplinärer Zusammenarbeit. In: Helmut Holzhey (Hg.), Philosophie aktuell: interdisziplinär (Basel/Stuttgart 1974), S. 9–35.

[METTE (1996)] Mette, Norbert: Interdisziplinarität. In: Lexikon für Theologie und Kirche, 3. Aufl., Bd. 5 (Freiburg-Basel-Rom-Wien 1996), Sp. 557f.

2

Paris, Mannheim, Heidelberg: Der Weg zweier Globenpaare durch die Kurpfalz

Jens Dannehl

Universitätsbibliothek Heidelberg, Plöck 107–109,
69115 Heidelberg, Germany – *dannehl@ub.uni-heidelberg.de*

Der Globus der Universitätsbibliothek Heidelberg stammt aus der Werkstatt des französischen Globenmachers Didier Robert de Vaugondy und wurde in Paris hergestellt. Es handelt sich um einen Erdglobus des so genannten „18-Inch"-Typs mit unkolorierter Kartierung auf einem reich gefassten und geschnitzten Holzgestell (Abb. 2.1). Er misst 145 cm in der Höhe, davon entfallen 122 cm auf das Gestell; die Kugel besitzt einen Durchmesser von 45 cm.

Eine Titelkartusche auf der Südhalbkugel gibt Auskunft, dass dieser Globus auf Anordnung des französischen Königs und mit Genehmigung der königlichen *Académie des Sciences* im August 1751 gefertigt wurde. Auf jede Seite des Titels sind allegorische Darstellungen von Land und Meer gesetzt, die unterhalb des Schriftzuges zusammenfließen. In einer Wolke oberhalb des Titels sitzt eine Allegorie des Ruhmes in Frauengestalt mit einem Wappenschild des französischen Königs (Abb. 2.2).

Die Jahreszahl bezieht sich auf die Herstellung der Druckplatte der Kartenteile, sie muss nicht unbedingt auch das Jahr der Herstellung dieses Globus sein.

2.1 Herstellung und Vertrieb der Globen in Paris

Robert de Vaugondy bot seine 18-Inch-Globen[1] in verschiedenen Ausführungen an. Im April 1753 erschien im „Journal des scavans" auf den Seiten 254/255 folgende Verkaufsanzeige [in deutscher Übersetzung]: ... *„Diese Globen wurden auf Anordnung des Königs konstruiert. Mr. Robert* [Vaugondy] *hat ihren Durchmesser auf 18 Inches* [ca. 45 cm] *festgelegt, da sie bei größerem Durchmesser zu schwerfällig wären. Die Größe wurde vom König genehmigt, der die Globen zum Gebrauch in der Marine bauen ließ. Der Künstler wendete für ihre Herstellung jedmögliche Präzision auf; sie stimmen mit den neuesten* [wissenschaftlichen] *Beobachtungen überein und die fähigsten Handwerker wurden für das Design und das Stechen beschäftigt."*[2]

[1] Wahrscheinlich wurden die Globen nur paarweise angeboten.

[2] Dekker (1993), S. 44.

Abb. 2.1. Heidelberger Erdglobus nach der Restaurierung (hier noch mit der Mannheimer Kugel)

Eine Kartusche auf der Südhalbkugel des Erdglobus nennt die Beteiligten näher (Abb. 2.2): Die Kartographie wurde von Guillaume De-La-Haye gestochen, der auch schon für Robert de Vaugondys „Atlas Portatif Universel et Militaire“ einige Karten gestochen hatte. Die Gestaltung und das Stechen der Titelkartusche lag in Händen des Künstlers Gobin.

Die Besteller eines Globenpaares bekamen zusätzlich ein Exemplar von Didier Robert de Vaugondys „Usage des globes“ (Boudet, Paris 1751) mitgeliefert.[3]

[3] In der Universitätsbibliothek Heidelberg ist dieses Exemplar nicht vorhanden. In der Bayerischen Staatsbibliothek in München konnte jedoch ein Exemplar nachgewiesen werden.

Abb. 2.2. Titelkartusche auf der Kugel

Der Preis für Robert de Vaugondys 18-Inch-Globen war je nach Ausführung gestaffelt: Ein einfaches Modell kostete 460 Livres, für einen reich verzierten Prunkglobus mußten 1000 Livres bezahlt werden. Zum Vergleich: Ein 12-Inch-Schulglobus von dem Globenmacher Louis Charles Desnos, einem Zeitgenossen de Vaugondys, kostete 24 Livres.[4]

---

[4] Pedley (1992), S. 47.

Zudem schrieb Didier Robert de Vaugondy für Diderots berühmte Enzyklopädie einen Artikel über die Konstruktion von Globen, in dem auch ein Globus abgebildet ist, der dem Heidelberger Exemplar sehr ähnelt.[5]

Recherchen bei der Internationalen Coronelli-Gesellschaft für Globen- und Instrumentenkunde in Wien ergaben, dass heute nur noch sechs weitere Exemplare dieser Vaugondy-Globen (wohl zumeist Globenpaare) in öffentlichen Sammlungen bekannt sind. Diese befinden sich in Antwerpen (Museum Plantin-Moretus), Chartres (Musée des Beaux Arts), Mannheim (Landesmuseum für Technik und Arbeit), Nancy (Musée historique Lorrain), Paris (Ministère des Affaires Etrangères) und Troyes (Musée d'Art et d'Histoire).

Eventuell handelt es sich bei einigen dieser Globen aber auch um Exemplare einer zweiten, überarbeiteten Auflage von 1790, wie bei einem Globenpaar aus dem Besitz des Fürsten Esterhazy in Eisenstadt/Österreich (s. KLASZ (1994)).

Typisch für die Vaugondy-Globen scheint die leuchtend grüne Fassung des Gestells zu sein, die sich nicht nur beim Heidelberger Erdglobus, sondern auch bei den beiden Mannheimer Globen (heute braun überfasst), den Globen des Musée des Beaux Arts in Chartres[6] und den Exemplaren im Musée d'Art et d'Histoire in Troyes findet.

2.2 Kurfürst Karl Theodor von der Pfalz

Einer der Subskribenten der Vaugondy-Globen war der Pfälzer Kurfürst Karl Theodor (1724–1799; Kurfürst seit 1742) (Abb. 2.3). Karl Theodor wurde nach dem Tod seines Vaters, des Prinzen Johann Christian von der Pfalz-Sulzbach (1700–1733), von Kurfürst Karl Philipp (1661–1742) nach Mannheim geholt, um dort für seine zukünftigen Aufgaben erzogen zu werden; zwei Jahre studierte er auch an den Universitäten in Leiden (Niederlande) und Leuven (heutiges Belgien).[7] 1742 wurde er mit seiner Cousine Elisabeth Auguste, der Enkelin Karl Philipps, verheiratet.

Karl Theodor sah seine wesentliche Herrschaftsaufgabe in der Erhaltung des Friedens und im Glück seiner Untertanen. Im Bestreben, die wirtschaftliche Entwicklung seines Landes zu fördern, gründete er 1770 die physikalisch-ökonomische Gesellschaft in Kaiserslautern (spätere Kameralschule) und verschiedene Industriebetriebe, u.a. die Frankenthaler Porzellanmanufaktur (1755), die sich in ihrer Bedeutung mit den Manufakturen in Meißen und Nymphenburg messen konnte.[8] Karl Theodors Förderung von Musik, Theater, Kunst und Wissenschaften lag wohl nicht nur im Selbstverständnis eines absolutistischen Herrschers begründet, sondern war auch Ausdruck seiner persönlichen Interessen und Erziehung. Die teure Hofhaltung mit Jagden, Hoffesten, Musik und Theater, die ihm später oft vorgeworfen wurde, war für die fürstliche Selbstdarstellung seiner Zeit selbstverständlich.[9]

---

[5] DIDEROT (1783). Siehe auch den Beitrag ‚Die Restaurierung des Globus' in diesem Band, Abb. 4.2.

[6] TURNER (1987), Abb. S. 192.

[7] RALL (1993), S. 10–13.

[8] BAHNS (1979), S. 11–12.

[9] BAHNS (1979), S. 56.

Abb. 2.3. Kurfürst Karl Theodor

Durch Voltaire (1694–1778) öffnete sich Karl Theodor aber auch der Aufklärung und gab seiner Politik unter anderem eine kultur- und bildungspolitische Zielrichtung („aufgeklärter Absolutismus"). Neben verschiedenen Gebäuden, die unter seiner Regentschaft entstanden (z.B. die „Alte Brücke" in Heidelberg, die Vollendung der Innenausstattung des Mannheimer Schlosses, die Jesuitenkirche in Mannheim), besaß er eine umfangreiche Gemälde- und Graphiksammlung, die heute den Grundstock der Alten Pinakothek und der Staatlichen Graphischen Sammlung in München bildet.

Durch den Einfluss Voltaires, der Karl Theodor mehrmals in Mannheim besuchte, kam es 1763 zur Gründung der Pfälzer Akademie der Wissenschaften, die Mannheim für die zweite Hälfte des 18. Jahrhunderts zum wissenschaftlichen Zentrum des pfälzischen Territoriums machte, da der Lehrbetrieb an der Universität in Heidelberg stagnierte. Die Akademie, unter Johann Daniel Schöpflin gegründet, teilte sich zunächst in zwei, später in drei Klassen auf:

- Die „Historische Klasse“ bemühte sich um eine Gesamtdarstellung der kurpfälzischen Landesgeschichte.
- Die „Physikalisch-naturwissenschaftliche Klasse“ mit dem Hofastronomen Christian Mayer an der Spitze erbrachte wegweisende Arbeiten in der Kartographie (z.B. trigonometrische Vermessungen der Kurpfalz).
- Die „Meteorologische Klasse“ (ab 1770) diente der Wetterbeobachtung und -erforschung. Sie besaß ein sich über Europa und Nordamerika erstreckendes Wetterbeobachtungsnetz und bekam von 39 Stationen regelmäßig die Informationen geliefert.[10]

Vorbild der Akademie der Wissenschaften waren u.a. die Bayerische Akademie in München (1759 gegründet) und die *Académie des Sciences* in Paris (1666 gegründet). Zu den zehn Gründungsmitgliedern der Pfälzer Akademie gehörten auch Vertreter der Universität Heidelberg.

Die gute finanzielle Ausstattung erlaubte die rasche technische Ausrüstung der Akademie, wie das Physikalische Kabinett, den Botanischen Garten, die Archäologische Sammlung und die 1772 errichtete Mannheimer Sternwarte.

In den Jahren 1771 bis 1774 schloss Karl Theodor Erbschaftsverträge mit der bayerischen Linie der Wittelsbacher, um beim Aussterben der pfälzischen oder bayerischen Linie dem Haus den Gesamtbesitz zu erhalten (weder der bayerische Kurfürst Maximilian III. Joseph noch Karl Theodor hatten legitime Nachkommen). Grundbedingung dieser Verträge war, dass München Residenzstadt des Gesamtbesitzes werde.

Ende 1777 starb Maximilian III. Joseph, und Kurfürst Karl Theodor sah sich gezwungen, seinen Hof nach München zu verlegen. Dabei nahm er einen Teil seiner Kunstschätze mit.

2.3 Die Belagerung Mannheims und der Übergang an Baden

Ende 1794 begann im Zuge des ersten Koalitionskrieges die französische Belagerung Mannheims, die mit der Kapitulation der Stadt am 20. September 1795 endete, ohne dass ein Schuss auf die Stadt gefallen war. Im Oktober und November wurde das von den Franzosen besetzte Mannheim dann von den Österreichern belagert und beschossen. Es blieben nur wenige Häuser unbeschädigt, Physikalischer Turm und Wetterwarte wurden zerstört, Bibliothek und Naturaliensammlung waren nicht mehr benutzbar.[11] Die Bevölkerung flüchtete sich unter anderem in die Keller des Schlosses. Am 21. November beschossen die österreichischen Truppen von der Rheinseite aus die Stadt. Der linke Schlossflügel samt Opernhaus brannte fast vollständig aus.[12]

[10] Bahns (1979), S. 11–12.
[11] Kistner (1930), S. 22f.
[12] Oeser (1904), S. 450f.

Mit dem Tod Karl Theodors am 16. Februar 1799 wurde Maximilian IV. Joseph, Herzog von Zweibrücken (1756–1825), Kurfürst über die Kurpfalz und Bayern. Die Mannheimer Akademie erhoffte sich von dem neuen Kurfürsten weitere Förderung; ähnliche Hoffnungen trug die Heidelberger Universität, deren finanzielle Verhältnisse durch schlechtes Wirtschaften und den faktischen Verlust ihrer besetzten linksrheinischen Besitztümer ausgesprochen schlecht waren.[13] Schon 1797 hatte der Medizinprofessor und Rektor (1797/98) der Universität, Franz Anton Mai, in einem Schreiben vom 28. Dezember an Karl Theodor vorgeschlagen, die durch den Krieg geschädigte Akademie der Wissenschaften nach Heidelberg an die Universität zu verlegen, um so an das Eigentum und Kapital der Akademie zu kommen.[14] Ebenso wollte Mai den zerstörten Mannheimer Botanischen Garten verkaufen und vom Erlös einen neuen Botanischen Garten in Heidelberg einrichten. Naturalienkabinett und die geretteten Reste des Physikalischen Kabinetts sollten ebenfalls nach Heidelberg überführt werden. Die Vorschläge fanden zwar eine gewisse Anerkennung, eine Entscheidung wurde jedoch von Karl Theodor verschleppt.

Am 5. Februar 1800 übertrug der neue Kurfürst Max Joseph Hofbibliothek, Münz- und Naturalienkabinett, Antiquarium, Kunstkabinett, Antikensaal, sowie die physikalischen und astronomischen Instrumente an die Akademie, um den Besitz vor Übergriffen der Franzosen zu schützen.[15]

1801 wurde beim Frieden von Lunéville festgelegt, dass die rechtsrheinische Pfalz von Max Joseph an Baden abgetreten werden müsse. Am 25. Oktober bat die Universität Heidelberg den Kurfürsten nochmals, noch vor dem Übergang an Baden u.a. die Mannheimer Hofbibliothek, das Naturalienkabinett und das Physikalische Kabinett der Universität zu übertragen.[16] Welches Inventar zu den genannten Institutionen gehörte, lässt sich nicht sagen, da Max Joseph große Teile davon schon der Mannheimer Akademie zugesprochen hatte.

Mit der Abtretung der rechtsrheinischen Pfalz an Baden war Max Joseph jetzt natürlich bemüht, alle Kunstwerke und mobilen Besitztümer aus Mannheim nach München überführen zu lassen; man begann, die Sammlungen abzutransportieren. Zwar erhob die Akademie Einspruch, wendete sich an Markgraf Karl Friedrich von Baden und berief sich auf die Schenkung Max Josephs vom 5. 2. 1800, aber der Kurfürst beharrte darauf, dass die Schenkung nur zur Sicherung der Kunstwerke *„unter dem Schutze eines wissenschaftlichen Instituts vor französischer Plünderung“*[17] getätigt worden sei. Zudem war im Ehevertrag zwischen Karl Theodor und Elisabeth Auguste festgelegt, dass die Düsseldorfer Gemäldegalerie und die beiden Kabinette der Malerei und der Altertümer in Mannheim für immer dem kurfürstlichen Hause erhalten bleiben sollen. Max Joseph teilte der Stadt Mannheim daher am 10. November 1802 mit, dass es *„nicht in unserer Macht* [liegt] *Eure Bitte um Zurücklassung*

[13] Winkelmann (1883); siehe auch Wolgast (1986), S. 83ff.

[14] Kistner (1930), S. 23; Winkelmann (1883), S. 68f.; siehe auch: Churfürstlich-Pfalzbaierischer Hof- und Staatskalender von 1802. München 1802.

[15] Fuchs (1963), S. 385f.

[16] Winkelmann (1883), S. 79.

[17] Hauck (1899), S. 99.

unserer Hof Bibliotheke und übrigen von unserem Kurvorfahren einzig aus Kabinetsgeldern und Beiträgen anderer Erbstaaten angeschafften wissenschaftlichen und Kunstsammlungen und sonstigen Effecten zu willfahren."[18]

Die Angelegenheit wuchs zur politischen Fehde zwischen Baden und Bayern aus, als in der Nacht vom 14. auf den 15. November 1802 zwei bayerische Beamte ohne Ankündigung die Kunstgegenstände des Schlosses verpackten. Badische Beamte liessen daraufhin sofort die Sammlungsräume sowie die Sternwarte versiegeln und von badischen Truppen die Eingänge bewachen. Als Reaktion kündigte Max Joseph bayerische Truppen an, aber Markgraf Karl Friedrich verzichtete nun freiwillig auf seine Ansprüche, um einen Krieg zu verhindern.[19] Dem Abtransport der Sammlungen stand nichts mehr im Weg.

Am 28. Dezember beschloss Max Joseph, die Instrumente der Sternwarte, Teile des Naturalienkabinetts, den Fonds der Akademie (etwa 140.000 Gulden), sowie das in den Sammlungen angestellte Personal dem badischen Markgrafen zu überlassen.

Dies wiederum war für Baden unannehmbar: Bayern wollte die Sammlungen abziehen und das für diese Sammlungen zuständige Personal zurücklassen, das nun aus badischen Staatsmitteln bezahlt werden sollte. Karl Friedrich stellte Max Joseph vor die Wahl, entweder Sammlungen und Personal nach Bayern zu verbringen (mit Ausnahme des Direktors der Sternwarte) oder Personal und alle sich in Mannheim befindlichen Kunstschätze verbleiben in Mannheim.[20] Bis zu einer Entscheidung durfte kein Kunstwerk mehr abtransportiert werden.

Max Joseph verfügte als Entgegnung, dass neben den Kunstsammlungen jetzt auch der Fonds nach München gehe und die Mannheimer Akademie mit der Münchener Akademie der Wissenschaften vereinigt werde.

Die Stadt Mannheim wendete sich wieder an Karl Friedrich, der die Angelegenheit aber für abgeschlossen ansah, da Kurfürst Max Joseph eine der beiden Alternativen angenommen hatte. Auch bedauerte er den Wegzug der Akademie nicht sehr, die er eher als Liebhaberinstitution des jeweiligen Regenten ansah. Für Karl Friedrich war die Universität Heidelberg von größerem Landesinteresse.[21]

Max Joseph beauftragte 1804 Friedrich Kasimir Medicus, Bestandslisten aller der Akademie gehörenden beweglichen Sachen anzufertigen und aus dem Schloss zu entfernen. Anhand dieser Listen entschied Max Joseph am 12. November 1805, welche Gegenstände nach München gebracht wurden und welche zu versteigern waren. Die wenigen Reste des Naturalienkabinetts, der Bibliothek und des Antiquariums schenkte er der Stadt Mannheim.[22] Aufgrund fehlender finanzieller Mittel zur Erhaltung der Schenkung übergab die Stadt diese an den badischen Landesherrn.[23]

---

[18] Zitiert nach: Zur Geschichte der Wegführung der Mannheimer Sammlungen nach München. In: Mannheimer Geschichtsblätter 30/1929, S. 47f.

[19] Oeser (1904), S. 609ff.

[20] Hauck (1899), S. 100.

[21] Ebd., S. 102.

[22] Kistner (1930), S. 28.

[23] Mueller (1997), S. 27.

Abb. 2.4. Mannheimer Himmelsglobus, aus dem Physikalischen Museum in Heidelberg stammend (heute LTA Mannheim)

Das Mannheimer Schloss selbst wurde 1804 unter Karl Friedrich mit neuen Möbeln und Kunstwerken ausgestattet. Von 1806 bis 1811 bewohnte das Erbgroßherzogpaar Karl von Baden und Stephanie de Beauharnais das Schloss. In dieser Zeit wurde u.a. der prächtige Bibliothekssaal zu einem Privattheater der Großherzogin Stephanie umgewandelt.[24] Ab 1819 nutzte Stephanie de Beauharnais das Schloss als Witwensitz.[25]

Nach diesem kurzen Abriss der allgemeinen Geschichte jetzt zu den Globen:

Zu welchem genauen Zeitpunkt Karl Theodor zwei französische Globenpaare bestellt hat, ist noch nicht geklärt.

---

24 Oeser (1926), S. 6f.

25 Mueller (1997), S. 27ff.

Sicher ist, dass er zwei Paare in Auftrag gab, die in der Mannheimer Hofbibliothek und im Physikalischen Museum der Universität Heidelberg aufgestellt waren. Während die Globengestelle des Physikalischen Museums relativ schlicht gestaltet waren (Abb. 2.4), wurde für die Bibliotheksgloben ein wesentlich aufwendiger geschnitztes und gefasstes Gestell angefertigt (Abb. 2.1). Zudem ist am Gestell des Erdglobus aus der Hofbibliothek eine geschnitzte und polychrom gefasste Wappenkartusche angebracht, die eindeutig auf den Kurfürsten Karl Theodor als Besitzer hinweist (Abb. 2.5).[26]

Abb. 2.5. Wappenkartusche am Gestell des Erdglobus aus der Hofbibliothek (heute UB Heidelberg) nach der Restaurierung

2.4 Die Globen des Heidelberger Physikalischen Kabinetts

Die heute im Landesmuseum für Technik und Arbeit in Mannheim befindlichen Globen waren ursprünglich für das Physikalische Museum in Heidelberg bestimmt.

1752 berief Karl Theodor auf Empfehlung seines Beichtvaters Pater Franz Seedorf (1691–1758) den Jesuiten Christian Mayer (1719–1783) auf den neu eingerichteten Lehrstuhl für Experimentelle Physik an die Universität Heidelberg. Mayer hielt Vorlesungen über Chemie, Mineralogie und Astronomie und richtete im Alten Universitätsgebäude ein Physikalisches Kabinett ein,[27] das vom Kurfürsten mit den notwendigen Instrumenten ausgestattet wurde.[28] Mayers Interessen galten verstärkt der Astronomie, für die er auch den Kurfürsten gewinnen konnte, der ihn 1762 zum kurfürstlichen Hofastronomen ernannte. Um eine bessere Beobachtung der Sterne zu

---

[26] Siehe auch den Beitrag von Carl Ludwig Fuchs in diesem Band.
[27] Budde (1993), S. 4.
[28] Hautz (1864), S. 273.

gewährleisten, wurde 1764 eine kleine Sternwarte auf dem Dach des Schwetzinger Schlosses in Betrieb genommen, ehe 1772 mit dem Neubau einer Sternwarte nahe dem Mannheimer Schloss begonnen wurde.[29] Die Sternwarte und ihre Ausstattung an Instrumenten wurde in späteren Jahren von zahlreichen Besuchern bewundert und von Astronomen gerühmt. Viele dieser Instrumente stammen aus Frankreich und England.

Die ersten schriftlichen Hinweise auf die Globen von Didier Robert de Vaugondy finden sich in einem Schreiben Christian Mayers vom 6. September 1758. Er verweist darin auf ein Schreiben Pater Seedorfs, dass zwei große Pariser Globen von Karl Theodor dem Physikalischen Museum der Universität Heidelberg geschenkt wurden.[30] Da Pater Seedorf 1758 starb,[31] muss die Schenkung zwischen 1752 (Gründung des Museum) und 1758 geschehen sein.

Auf diese Schenkung geht Mayer nochmals ein in einem Verzeichnis der in der Mannheimer Sternwarte und dem Heidelberger Physikalischen Museum vorhandenen kurfürstlichen Instrumente, das von ihm am 14. November 1776 angefertigt wurde.[32] Mayer fühlte sich nach einem Feuer im Juli 1776 in der Sternwarte veranlasst, dem Kurfürsten gegenüber nachzuweisen, dass bei dem Brand keine Instrumente aus kurfürstlichem Besitz zu Schaden gekommen sind, da das Feuer im oberen Saal ausgebrochen war: *„Sie* [die Instrumente] *hatten also nicht einmal den Geruch der Flammen und des Rauchß empfunden* [...]. *“*

Mayer listet im Anschluss die Instrumente auf, die „[...] *zu Heydelberg in dasigem Physicalischen großen Musaeo* [...]“ aufbewahrt wurden. Unter Nummer 28 nennt er *„Zwey große Pariser Weltkugel, deren einer den gestirnten Himmel, der andere die Erde Fläche fürstel*[l]*t von* [...] *Vaugondy. Sie seynd den in der Churfürstlichen Bibliotheque stehenden Kugeln an Größe, Farbe und Fuß in allem gleich, außer dass sie noch fast als Neu mögen angesehen werden. Beide sind laut original beyliegender Handschrift des Seel. Pater Seedorff* [...] *dem von höchst Ihro Churfürstlichen Durchlauchte neu aufgehenden Musaeo Physicae experimentalis geschenkt* [...]. *“*

Gleichzeitig mit der Aufstellung bat Mayer den Kurfürsten, den Himmelsglobus *„zum Nöthigen und sehr nutzbahren gebrauch“* von Heidelberg in die kurfürstliche Sternwarte nach Mannheim bringen zu dürfen. Mayer bestätigt hier erstmals das Vorhandensein von zwei Globenpaaren.

Etwas irritierend ist die Behauptung Mayers, dass beide Globenpaare völlig identisch wären (siehe Abb. 2.1 und 2.4), denn er muss beide Paare gekannt haben. Eventuell waren für ihn als Astronomen aber die identische Größe der Kugeln das Wichtigste, so dass er die ‚kleinen Unterschiede‘ (z.B. das Prunkgestell) vernachlässigte. Die Wappenkartusche als auffälliger und wichtiger Unterschied war zu diesem Zeitpunkt noch nicht angebracht (s. Beitrag von Carl Ludwig Fuchs in diesem Band).

---

[29] Die Sternwarte befindet sich noch heute im Quadrat A 4, 6.

[30] Generallandesarchiv Karlsruhe (künftig GLA), Akte 205/674.

[31] Deutsches Biographisches Archiv I, 1168, 379.

[32] GLA, Akte 77/5908.

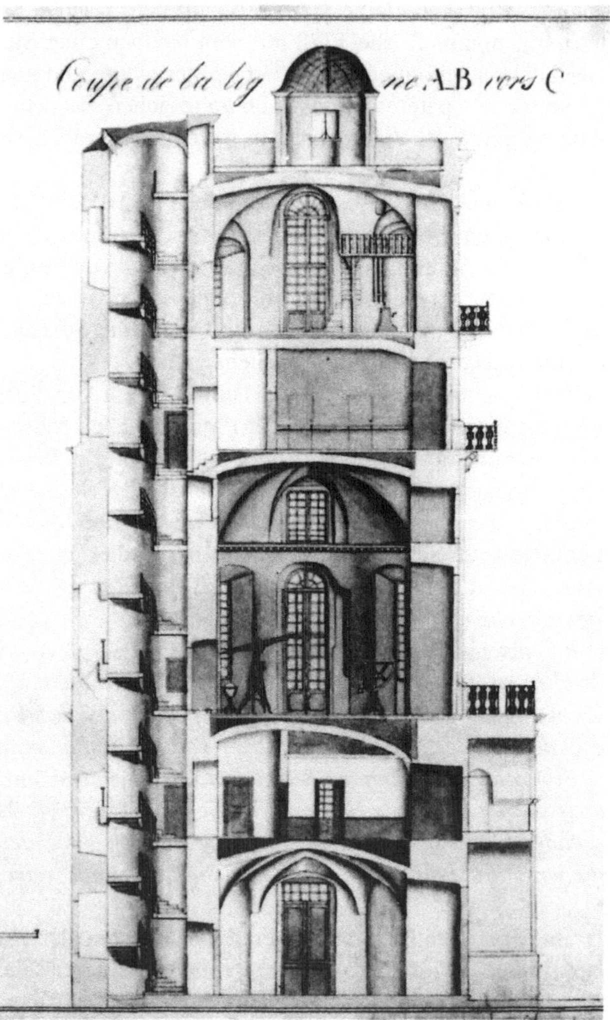

Abb. 2.6. Schnitt durch die Mannheimer Sternwarte; Federzeichnung von W. von Traitteur, um 1810

In einem Schreiben vom 30. Dezember 1776 entsprach Karl Theodor der Bitte Mayers und bestimmte, dass er die aus kurfürstlichen Mitteln erworbenen Instrumente der Heidelberger Universität schenke; ausdrücklich ausgeklammert von dieser Schenkung werden *„zwey große Globio“*[33]. Beide Globen wurden in die Mannheimer Sternwarte gebracht, obwohl Mayer eigentlich nur den Himmelsglobus erbeten hatte. Karl Theodor verspricht im oben genannten Schreiben der Universität, dass sie als Ersatz zwei andere Globen bekommen werde.

---

[33] GLA, Akte 205/674.

1794, bei der Belagerung der Franzosen, erhielt der Hofastronom Roger Barry (1752–1813) den Auftrag, die Instrumente der Sternwarte in Kisten zu verpacken und nach München zu schicken. Barry widersetzte sich dem Befehl jedoch und verstaute die Kisten in dem sicheren Erdgeschoss der Sternwarte, wo sie bis zum Frieden von Lunéville 1801 verpackt blieben.[34] Nach Beendigung der Belagerung Mannheims verteidigte Barry die Instrumente der Sternwarte so heftig, dass auch jetzt ihr Abtransport nach München erneut verhindert werden konnte.[35] Barry konnte seine astronomische Tätigkeit wieder aufnehmen.

1811 veröffentlichte Johann Ludwig Klüber die erste vollständige Abhandlung über die Geschichte der Mannheimer Sternwarte. In einer Auflistung des Instrumentenbestandes findet sich unter Punkt

„24) Himmelskugel, und
25) Erdkugel, beide anderthalb Fuss im Durchmesser, von Vaugondy“ [36]

Obwohl Christian Mayer 1776 nur den Himmelsglobus aus dem Physikalischen Museum in Heidelberg für die Mannheimer Sternwarte angefordert hatte, sind beide Globen in die Sternwarte gebracht worden. Dies macht durchaus Sinn, da beide Globen schon ursprünglich als zusammengehörendes Paar gedacht waren. Eine kolorierte Federzeichnung von Wilhelm von Traitteur, um 1810 entstanden, zeigt in einem Schnitt durch die Sternwarte auch die beiden Globen (Abb. 2.6).

Noch 1824 zählte Rieger die Globen zum Institutsbestand der Mannheimer Sternwarte, wobei er seine Auflistung der Instrumente fast wörtlich von Klüber übernimmt.[37]

Bis 1880 blieb die Sternwarte in Mannheim als einziges wissenschaftliches Institut der Karl-Theodor-Zeit erhalten, danach wurden die Instrumente und Geräte nach Karlsruhe verbracht.[38] Jedoch ist bereits zuvor in den Jahren 1876–79 eine Teilverlagerung in die Universitätssternwarte Heidelberg auf dem Königsstuhl erfolgt. Über hundert Jahre später, nämlich 1983, wurden mit anderen Instrumenten auch die Globen, die ursprünglich aus dem Physikalischen Museum stammten, an das neu gegründete Landesmuseum für Technik und Arbeit in Mannheim abgegeben, wo sie heute in der Dauerausstellung zu Wissenschaft und Technik der Karl-Theodor-Zeit zu sehen sind.[39]

2.5 Die Globen aus der Mannheimer Hofbibliothek

Der heute in der Universitätsbibliothek Heidelberg aufbewahrte Erdglobus und sein verlorenes Gegenstück, der Himmelsglobus, waren von Karl Theodor für seine Hofbibliothek in Mannheim bestimmt. Außer dem schriftlichen Hinweis von Christian

[34] Mathy (1926), S. 145f.
[35] Ebd., S. 146; siehe auch: Barroggio, Jakob: Die Geschichte Mannheims von dessen Entstehung bis 1861. Mannheim 1861, S. 264ff.
[36] Klüber (1811), S. 33.
[37] Rieger (1824), S. 260ff.
[38] Walter (1928), S. 67.
[39] Budde (1993), S. 4.

Abb. 2.7. Parkettierungsplan von Franz Zeller für die Hofbibliothek Mannheim

Mayer auf Globen in der Hofbibliothek finden sich auch frühere Hinweise auf Globen: Etwa zeitgleich mit der Berufung Mayers an die Universität Heidelberg trieb Karl Theodor den Ausbau des Mannheimer Schlosses voran. Im Juni/Juli 1755 legte der mit den Baumaßnahmen beauftragte Architekt Nicolas de Pigage (1723–1796) erste Pläne zum Innenausbau der Hofbibliothek im rechten Schlossflügel vor. Im Sommer 1756 begannen dann die Ausstattungsarbeiten,[40] die hier aber nicht näher erläutert werden sollen. Wichtig sind allerdings die Parkettierungspläne, die der Hoftischler Franz Zeller (1697–1780) am 8. Juli 1756 vorlegte.[41] Der zur Ausführung gelangte Plan ist mit Anmerkungen von Pigage versehen, mit denen er den Standort für einen Globus (‚*Place pour un Globe*') und einen Tisch (‚*Place pour une Table*') angibt (Abb. 2.7). Zellers Plan zeigt nur den rechten (östlichen) Teil der Bibliothek; im linken, gegengleich gearbeiteten Teil sollten ebenfalls ein Globus und ein Tisch aufgestellt werden. Die beiden Prunktische, die ebenfalls von Franz Zeller geschaffen wurden,[42] sind uns aus späteren Inventaren, Reiseberichten und historischen Fotografien bekannt. Beide Tische wurden im Zweiten Weltkrieg zerstört, ein Nachbau befindet sich heute im Rittersaal des Mannheimer Schlosses.

Zurück zu Zellers Parkettierungsplan: Die Globen, bzw. der Plan ihrer Anschaffung, sind demnach schon 1756 bekannt. Heber stellt zudem die Theorie auf, dass

40 Heber (1986), S. 119ff.

41 GLA, Akte 213/80, hier insbesondere Blatt 105.

42 Heber (1986), S. 66.

Pigage, ähnlich wie in der Kapelle von Schloss Benrath, die Form der Möbel im Fußbodenmuster wiederkehren ließ.[43] An der Form des Bibliothekstisches lässt sich dieses gut nachvollziehen (Abb. 2.8). Und das florale Rundornament auf dem Fußboden am Standort des Globus findet sich in Form des Sonnenornamentes beim Erdglobus Robert de Vaugondys wieder (Abb. 2.9). Ein weiterer Hinweis auf die Globen findet sich in einer Zeichnung Peter von Verschaffelts. Verschaffelt wurde 1755 beauftragt, das – heute noch vorhandene – große Giebelfeld an der Portalwand der Bibliothek zu entwerfen. Gleichzeitig beschäftigte er sich aber auch mit Entwürfen zur Innenausstattung der Bibliothek.[44] Auf einem dieser Pläne, die sich heute im Kurpfälzischen Museum in Heidelberg befinden, zeichnete Verschaffelt auch zwei Globen als Ausstattungsgegenstände (Abb. 2.10). Verschaffelts Pläne gelangten nicht zur Ausführung, doch obwohl er die Innenausstattung der Bibliothek ganz anders auffasste, als es Pigages Entwürfe und seine Ausführung tun, finden sich auch bei Verschaffelt zwei Globen.

Abb. 2.8. Mannheimer Hofbibliothek mit Bibliothekstischen, um 1930

Die Bibliothek Karl Theodors stellte einen Glanzpunkt des Mannheimer Hofes dar. Bereits 1766 umfasste ihr Bestand ca. 36000 Werke aus unterschiedlichen Wissensgebieten vom Mittelalter bis ins 18. Jahrhundert. Durch eine kurfürstliche Instruktion vom 15. Oktober 1763 wurde diese Bibliothek auch für die Öffentlichkeit zugänglich gemacht; an drei Tagen in der Woche stand der Lesesaal unentgeltlich zur Verfügung.[45] Die von Karl Theodor 1763 gegründete Akademie der Wissenschaften hielt hier – zumindest in den Sommermonaten – ihre wöchentlichen Sitzungen ab.[46]

43 Ebd., S. 66f.

44 Fraenger (1930).

45 Rall (1993), S. 60; siehe auch: Die kurfürstliche Hofbibliothek zu Mannheim. In: Mannheimer Geschichtsblätter 6/1905, S. 19f.

46 Kistner (1930), S. 6ff.

Abb. 2.9. Sonnenornament am Erdglobus mit der Führung für den Meridianring

Es verwundert, dass das Schlossinventar von 1775 keine Globen in der Bibliothek oder in anderen Räumen erwähnt.[47] Andererseits ist die Beschreibung der Bibliotheksausstattung insgesamt sehr kurz (*9 Portieren, 14 Nußbaum-Stühle mit Plüsch bezogen*). Selbst die beiden Prunktische und die beiden Marmorbüsten des Kurfürstenpaares werden nicht genannt.

Die erste literarische Erwähnung der Globen stammt aus einer Reisebeschreibung von Johann Heinrich Landolt aus Zürich, der 1782 eine Reise durch Deutschland, Dänemark, die Niederlande, Frankreich, Italien und Ungarn antrat. Im September 1782 besuchte er auch Heidelberg und Mannheim: „*Montag, 9.* [September] *sahen wir die Merkwürdigkeiten Mannheims. Die Churfürstliche Bibliothek ist in einem sehr schönen Saal einquartiert, der 100 Fuß Länge, 48 Breite und 36 in der Höhe hat. Zu beyden Seiten des Eingangs sind die Büsten des Churfürsten und seiner Gemahlin aufgestellt. In der Mitte des Saales erblickt man zwischen den Erd- und Himmelskugeln ein sehr künstliches in Engelland verfertigtes Planiglobium Copernicanum* [...]".[48] Diese Beschreibung findet sich nahezu wortgleich in den „Pfälzischen Merkwürdigkeiten" von 1784.[49] 1789 und 1794 erschien je eine französischsprachige Version dieses Werkes, in der die Globen ebenfalls erwähnt werden.[50]

Dem Physikalischen Museum der Universität Heidelberg waren per kurfürstlichem Erlass vom 30. Dezember 1776 zwei Globen genommen worden, da diese eine neue Verwendung in der Mannheimer Sternwarte finden sollten. Als Ersatz für die

47 Walter (1929).

48 Funck (1906), S. 11f.

49 Pfälzische Merkwürdigkeiten (1784), S. 7.

50 Description (1789), S. 14f.

Abb. 2.10. Peter A. von Verschaffelt: Entwurf zur Ostwand der Hofbibliothek mit zwei Globen; um 1755 (Feder/Tusche, Bisterlavierung über Bleistift)

beiden Globen versprach der Kurfürst zugleich, der Universität zwei andere Globen zu schenken.[51]

Nachdem diese Zusage in den nächsten Jahren nicht erfüllt wurde, fragte der Rektor der Universität Heidelberg am 5. November 1778 nach und bat Karl Theodor, dass entsprechend der „[...] *Rescripti ddo 30ten Decembris 1776 gnädigst ertheilten Zusag statt deren bereits schon abgegebenen – auf höchstdero Sternwarthe befindlichen zweyen Globen zwey andere zum gründlichen Unterricht der Lehrbegierigen Philosophischen Jugend gnädigst zugewendet werden mögten. Es gelanget demnach an Eüer Kurfürstliche Durchleücht unser unterthänigstes gehorsamstes Bitten, den Abgang mittelst gnädigster Zuwendung deren in Höchstdero Bibliothec wirklich vorhandenen kleineren Globen mildthätigst zu ersetzen und dies zum Nutzen und Vortheil sothanen Studij gnädigst zu schenken.* [...]“ [52].

Karl Theodor forderte daraufhin in einem Rescript vom 9. November 1778 einen Bericht der Mannheimer kurfürstlichen Bibliothekare, die zu der Bitte der Heidel-

[51] GLA, Akte 205/674.

[52] GLA, Akte 205/674.

berger Universität, die beiden Globen aus der Hofbibliothek zu erhalten, Stellung nehmen sollten.[53]

Dass sich die Globen jedoch mindestens noch bis in das Jahr 1794 in der Hofbibliothek befanden, weisen nicht nur die zitierten Reisebeschreibungen nach, sondern auch ein Protokoll der Kurfürstlichen Hofbibliothek vom 13. Januar 1794.[54] Da die Franzosen sich zu dieser Zeit wieder Mannheim näherten und sich die Österreicher und Preußen über den Rhein Richtung Mainz zurückzogen, wurde von Karl Theodor am 5. Januar 1794 der Befehl an die Hofbibliothekare erlassen, erstens die seltensten und kostbarsten Werke der Bibliothek herauszusuchen, zu verpacken und sicher aus der Stadt herauszubringen. Zweitens sollten aus dem *„großen Büchervorrat"* nach Ermessen der Bibliothekare weitere wertvolle Bücher in unterirdischen Gewölben vor Feuer und Bombardement geschützt werden.

Innerhalb der folgenden acht Tage wurde nach diesem Befehl verfahren: Die seltensten und kostbarsten Drucke und Handschriften wurden in zehn große Holzkisten mit insgesamt 120 Zentnern Gewicht gepackt und am 12. Januar nach Obrigheim (Amt Mosbach) transportiert. Diesen Ort wählte man, da er tief im Odenwald liegt, man die Kisten bei Gefahr leicht nach Mergentheim und Nürnberg flüchten oder bei Frieden wieder problemlos zu Wasser über den Neckar nach Mannheim zurückbringen konnte.

Andere wertvolle Bestände wurden in den Kellergewölben des Schlosses eingelagert. Zu diesen Beständen zählten auch *„Die zur churfürstlichen Bibliothek gehörigen 2 prächtigen Globi nebst einem kopernikanischen künstlichen System, die in mitten der churfürstlichen Bibliothek nach den im getäfelten Boden angebrachten Rundetten* [?] *ihren Platz hatten, ferner die beiden von Marmor gehauenen Brustbilder der beiden churfürstlichen Durchleuchten, welche rechts und links am Haupteingang des Büchersaales standen, sind mit ihren marmornen Gestellen in das churfürstliche Archiv unter dem Bibliothekssaale gebracht worden."*[55]

Wie lange die Globen sich in diesem Gewölbe befanden, lässt sich nicht mit Sicherheit sagen. Wahrscheinlich wurden sie – ähnlich wie die Instrumente der Sternwarte – erst nach dem Friedensschluss von Lunéville 1801 wieder aus ihrem Versteck geholt und zu einem noch unbekannten Zeitpunkt nach Heidelberg gebracht.

Im „Systematischen Catalogus des Physikalischen Apparates der Großherzoglich Badischen Universität", der von Georg Wilhelm Muncke verfasst und auf den 22. Mai 1818 datiert ist, werden auch zwei Globenpaare genannt.[56] Die Angaben hier sind jedoch nicht genau genug, um die beiden Vaugondy-Globen aus der Hofbibliothek eindeutig zu identifizieren: Das eine Paar (Nr. 4) hat einen Durchmesser von 14 Zoll, das ergibt je nach Umrechnung des Zolls (2,3–3cm) einen Durchmesser von 32,2 bis 42 cm. Datiert wird dieses Globenpaar jedoch auf 1787, was aber ein Lesefehler sein könnte. Das andere Paar (unter Nr. 5 eingetragen) wird als kleiner (Durchmesser

---

[53] Leider endet die oben genannte Akte mit diesem Rescript. Eine Fortsetzung der Akte 205/674 habe ich im GLA nicht entdecken können.

[54] GLA, Akte 213/3622, S. 115ff.

[55] GLA, Akte 213/3622, S. 118.

[56] GLA, Akte 235/3057, S. 48.

10 Zoll) und mit Holzgestellen beschrieben. Hier passt also der Durchmesser nicht so recht zu den Vaugondy-Globen.

Ob die Globen der Mannheimer Hofbiblibliothek über das Physikalische Institut oder direkt in die Universitätsbibliothek kamen, lässt sich momentan nicht eindeutig bestimmen.

2.5.1 Nachweis der Globen in der Universitätsbibliothek

Für die Universitätsbibliothek Heidelberg werden die aus der Mannheimer Hofbibliothek stammenden Globen in einem Inventar vom 6. Juli 1833 erstmals erwähnt.[57] Dort findet sich unter Punkt I („*In den Bibliothekssälen sind befindlich*") die Eintragung: „*4) 2 Globus, ein Himmel- und Erdglobus*"[58]. Einige Seiten später wird in einem Anhang näher erläutert, dass die Globen in Paris gefertigt wurden und die Jahreszahl 1751 tragen.

Im Inventar von 1906 sind die Globen ebenfalls noch beide verzeichnet. Dort heißt es unter Punkt IIIc: „*Nr. 152–153 Globus des Himmels und der Erde, 18. Jh.*"[59]

Die Globen waren lange Zeit wohl nicht öffentlich ausgestellt oder zugänglich; 1935 waren sie zumindest dem Mannheimer Geschichtsforscher Adolf Kistner nicht bekannt, als er in den Mannheimer Geschichtsblättern seinen Artikel ‚Planetarium und Globen im Büchersaal des Mannheimer Schloßes' veröffentlichte.[60] Seine Angaben zu den Globen sind teilweise vage, da er anscheinend weder die Globen aus der Mannheimer Sternwarte noch die aus der Hofbibliothek jemals gesehen hatte. Er beendet seinen Artikel so auch mit den Sätzen: „*Vielleicht reichen diese dürftigen Kennzeichen der beiden Globen aus, um sie in einem Museum zu entdecken. Bisher sind freilich alle dahin zielenden Nachforschungen ganz erfolglos geblieben.*" In den späteren Heften der Mannheimer Geschichtsblätter lassen sich keine Hinweise finden, dass sich jemand (aus Heidelberg) auf diesen Artikel hin zu den Globen geäußert hätte.

Stattdessen findet sich im Juni 1936 in der Zeitschrift ‚Die Gartenlaube' ein Foto (das Erste und Einzige?) des Himmelsglobus in der Universitätsbibliothek (Abb. 2.11).[61] Da das Bild insgesamt mit den vielen aufgeschlagenen Büchern sehr gestellt wirkt, bleibt die Frage, ob der Globus nur für dieses Foto hingestellt wurde oder ob beide Globen zu diesem Zeitpunkt dauerhaft im Direktionszimmer standen. Ein handschriftlicher Eintrag in o.g. Inventar von 1906 besagt für das Jahr 1937, dass die beiden Globen am 1. Mai ins Ausstellungszimmer gestellt wurden.

2.5.2 Auslagerung und Rückführung

Bei Ausbruch des Zweiten Weltkriegs begann man mit der Auslagerung der Bestände. Als eine der ersten Bücher wurde die ‚Große Heidelberger Liederhandschrift',

[57] Ältere Inventare existieren im Universitätsarchiv nicht mehr.

[58] Universitätsarchiv Heidelberg, Signatur K-Ia, 481,1.

[59] Ebd., 487,1.

[60] Kistner (1935).

[61] Preisendanz (1936).

Abb. 2.11. Bibliotheksdirektor Karl Preisendanz mit Himmelsglobus im Hintergrund

der Codex Manesse (Cod. Pal. germ. 848), in die Universitätsbibliothek Erlangen überführt, von wo aus sie im August 1942 – gemeinsam mit dem ‚Heidelberger Sachsenspiegel' (Cod. Pal. germ. 164) und der Anthologia Palatina (Cod. Pal. graec. 23) – nach Nürnberg verbracht wurde. Die Heidelberger Handschriften überstanden dort in einer unterirdischen Bunkeranlage unter der Burg zusammen mit den Werken Albrecht Dürers, dem Behaim-Globus und den Reichskleinodien die Kriegsjahre.[62]

Ab dem Sommer 1942 wurden auch weitere Handschriften, Inkunabeln, die Papyrussammlung und sonstige wertvolle Bestände auf Heilbronner Salzbergwerke und verschiedene Schlösser im weiteren Umkreis (bis an den Main) ausgelagert. Im März 1944 schickte man einen Eisenbahnwaggon mit wertvollen Beständen und *„einige alte Globen"* zur Auslagerung in das Schloss Messelhausen bei Lauda.[63] Die Einlagerung geschah unter dem Protest des Priors der dort lebenden Augustiner, der sich um die Tragkraft der Deckenbalken sorgte – jedoch unbegründet, wie die folgenden Monate bewiesen. Stattdessen schlug am 1. April 1945 eine Granate in das Einlagerungszimmer ein. Ob dabei größere Schäden, u.a. an den Globen, entstanden, wird nicht erwähnt. Leider gibt es nach Auskunft des heutigen Priors von Schloss/Kloster Messelhausen, Pater Christoph Weberbauer, keine Kenntnisse

---

62 Presseinformation der Stadt Nürnberg – Öffentlichkeitsarbeit – vom 21.10.2002.

63 Gramlich (1953), S. 7.

mehr über diese Jahre im Kloster.[64] Eventuell hat der Heidelberger Erdglobus aber in diesem Zeitraum seine größten Beschädigungen erhalten.[65]

Am 30. März 1945 wurde Heidelberg von den amerikanischen Truppen besetzt, die Universitätsbibliothek wurde abgeriegelt und als „Document Center“ genutzt,[66] um die von den US-Truppen gesammelten Wehrmachts-, Partei- und Industrieakten lagern zu können.

Im Sommer 1945 – verstärkt ab September – begann man die ausgelagerten Bestände, u.a. aus Messelhausen, nach Heidelberg zurückzuholen und vorübergehend in der Alten Universität, in der Gipsabgusssammlung und im Akademiegebäude zu lagern. Am 15. Januar 1946 wurde das Bibliotheksgebäude an der Plöck wieder vollständig freigegeben und die Bücher konnten an im Lesesaal aufgestellten Sortiertischen auf die einzelnen Magazine verteilt werden.[67] Allein aus den Salzbergwerken Heilbronn und Kochendorf wurden dabei Ende April 1946 insgesamt 2270 Bücherkisten sowie zahlreiche unverpackte Bücher aus Universitätsbibliotheks- und Institutsbesitz nach Heidelberg zurücktransportiert.[68]

Am 1. August 1946 konnte dann die Buchausleihe für die meisten Magazine wieder durchgeführt werden; aufgrund des Holzmangels für die Regale war das Einräumen im 5. Stock erst 1947/48 möglich.[69]

2.5.3 Wiederauffindung

Bei einer Bestandserfassung von *„ehemaligem Raumschmuck“* wird im Juli 1968 auf dem Dachboden im Südtrakt der Universitätsbibliothek ein Erdglobus erwähnt. Es heißt in dem Bericht an den Direktor: *„Ein Erdglobus (Nr. 54) aus weissem, mit Papier beklebtem Stuck ist an einer Stelle eingeschlagen. Er steht auf einem intakten (lediglich verschmutzten) prächtig geschnitzten Ständer (2. Hälfte des 18. Jahrh.).“*[70] Die Frage, ob der Himmelsglobus im Krieg völlig zerstört wurde – der Erdglobus weist Kriegsschäden auf – oder ob er im oder nach dem Krieg entwendet wurde, während man den beschädigten Erdglobus verschmähte, bleibt offen.

Anfang der siebziger Jahre befand sich der Erdglobus noch immer auf dem Speicher. Entsprechend der damaligen Devise ‚Was nicht zu verwenden ist, soll raus (oder in die Heizung)‘, drohte auch dem Globus dieses Schicksal.[71] Erst auf Einspruch von Herrn Dr. von Egidy und Herrn Dr. Seeliger entschloss man sich dazu, den Globus in die Restaurierungswerkstatt der Universitätsbibliothek zu bringen. Der Himmelsglobus war zu diesem Zeitpunkt nicht mehr vorhanden.[72]

---

[64] Freundliche schriftliche Mitteilung vom 3.02.2003.

[65] Siehe den Beitrag „Die Restaurierung des Globus“ Abschnitt 4.3.1, Abb. 4.4 in diesem Band.

[66] Gramlich (1953), S. 10.

[67] Ebd., S. 11.

[68] Ford (1946), S. 28ff.

[69] Gramlich (1953), S. 13.

[70] Zimmer (1968).

[71] Egidy (2000).

[72] Frdl. Auskunft von Herrn Dr. Berndt von Egidy; Tübingen.

Abb. 2.12. Heidelberger Erdglobus in einer Ausstellung im Dresdner Schloss, 1999. Im Hintergrund ein Portrait des Kurfürsten Karl Theodor

1976 bekam der Globus im Zuge einer Nachinventarisierung unter dem Sammelbegriff *„Sonstige Kunstgegenstände"* die heutige Inventarnummer *„1500"* und geriet im Laufe der Jahre in Vergessenheit. Nach seiner Wiederauffindung 1995 und den umfangreichen Restaurierungsmaßnahmen in den Jahren 1999/2000 wurde der Globus erstmals im Frühjahr 1999 – noch mit der Kugel des Erdglobus aus dem Landesmuseum für Technik und Arbeit in Mannheim – anlässlich einer großen Ausstellung der Universitätsbibliothek Heidelberg im Dresdner Schloss der breiten Öffentlichkeit vorgestellt (Abb. 2.12). In der zum 200. Todestag Karl Theodors in Mannheim stattfindenden Ausstellung ‚Lebenslust und Frömmigkeit' wurde eben-

Abb. 2.13. Erdglobus im Oberen Foyer der Universitätsbibliothek Heidelberg

falls noch das Heidelberger Gestell mit der Mannheimer Kugel gezeigt. Erst zur Ausstellung ‚Kostbarkeiten gesammelter Geschichte' von April bis Oktober 2000 in der Universitätsbibliothek wurden Heidelberger Gestell und rekonstruierte Heidelberger Kugel erstmals wieder zusammen in einer speziell für den Globus entworfenen Vitrine ausgestellt. Seither steht der Erdglobus als Mittel- und Blickpunkt im Oberen Foyer des Treppenhauses der Universitätsbibliothek (Abb. 2.13).

Ich danke Karin Zimmermann für ihre tatkräftige Unterstützung beim Durchforsten der Akten und Entziffern der oft nur schwer lesbaren Mikrofilme und Originale. Mein Dank gilt ebenfalls Maria Effinger für ihr kritisches Korrekturlesen dieses Artikels.

Literatur

[BAHNS (1979)] Bahns, Jörn: Kurfürst Carl-Theodor zu Pfalz der Erbauer von Schloß Benrath. Ausstellungskatalog des Stadtgeschichtlichen Museums Düsseldorf vom 13. Dezember 1979 bis Ende Januar 1980. Düsseldorf, 1979.

[BUDDE (1993)] Budde, Kai: Geschichte der Mannheimer Sternwarte im 18. Jahrhundert. LTA-Forschung, Reihe des Landesmuseums für Technik und Arbeit in Mannheim, Heft 12/1993. Mannheim, 1993.

[DEKKER (1993)] Dekker, Elly; Krogt, Peter van der: Globes from the western world. London: Zwemmer, 1993.

[DESCRIPTION (1789)] Description de ce qu'il y a d'interessant et de curieux dans la residence de Mannheim et les villes principales du Palatinat. Mannheim, 1789. Siehe auch die Ausgabe von 1794.

[DIDEROT (1783)] Diderot, Denis; D'Alembert, Jean L.: Recueil de Planches de L'Encyclopédie, par ordre de matiéres. Tome 2. Paris, 1783.

[EGIDY (2000)] Egidy, Berndt von: Leserbrief in: Theke. Informationsblatt der Mitarbeiterinnen und Mitarbeiter im Bibliothekssystem der Universität Heidelberg. Heidelberg, 2000. S. 37.

[FORD (1946)] Ford, Dale V.: Monuments Fine Arts & Archives Heilbronn – Kochendorf Salt-Mines September 1945–June 1946. [mschr.]

[FRAENGER (1930)] Fraenger, Wilhelm: Bibliotheksentwürfe Peter von Verschaffelts. In: Mannheimer Geschichtsblätter. Monatsschrift für die Geschichte, Altertums- und Volkskunde Mannheims und der Pfalz; 31/1930. S. 148–158.

[FUCHS (1963)] Fuchs, Peter: Palatinus Illustratus. Die historischen Forschungen an der Kurpfälzischen Akademie der Wissenschaften. Forschungen zur Geschichte Mannheims und der Pfalz; N.F. 1. Mannheim: Allgemeiner Verlag, 1963.

[FUNCK (1906)] Funck, Heinrich: Aufzeichungen eines jungen Zürichers über seinen Aufenthalt in Mannheim im Jahre 1782. In: Mannheimer Geschichtsblätter. Monatsschrift für die Geschichte, Altertums- und Volkskunde Mannheims und der Pfalz; 7/1906. S. 11–15.

[GRAMLICH (1953)] Gramlich, Joseph: Auslagerung und Rückführung der Bestände der Universitätsbibliothek Heidelberg 1942/1946 [mschr.]. Siehe auch: Scheuffler, Helga: Auslagerung und Rückführung der Bestände der Universitätsbibliothek Heidelberg. In: Theke. Informationsblatt der Mitarbeiterinnen und Mitarbeiter im Bibliothekssystem der Universität Heidelberg. Heidelberg, 1986. Heft 1/1986. S. 3–11.

[HAUCK (1899)] Hauck, Karl: Geschichte der Stadt Mannheim zur Zeit ihres Übergangs an Baden. Forschungen zur Geschichte Mannheims und der Pfalz; Bd. 2. Leipzig: Breitkopf & Härtel, 1899.

[HAUTZ (1864)] Hautz, Johann Friedrich: Geschichte der Universität Heidelberg; Bd. 2. Mannheim: J. Schneider, 1864.

[HEBER (1986)] Heber, Wiltrud: Die Arbeiten des Nicolas de Pigage in den ehemals kurpfälzischen Residenzen Mannheim und Schwetzingen. Worms: Wernersche Verlagsanstalt, 1986.

[KISTNER (1930)] Kistner, Adolf: Die Pflege der Naturwissenschaften zur Zeit Karl Theodors. Mannheim: Selbstverlag des Mannheimer Altertumsvereins, 1930.

[KISTNER (1935)] Kistner, Adolf: Planetarium und Globen im Büchersaal des Mannheimer Schlosses. In: Mannheimer Geschichtsblätter. Monatsschrift für die Geschichte, Altertums- und Volkskunde Mannheims und der Pfalz; 36/1935. S. 203–210.

[KLASZ (1994)] Klasz, Markus: Restaurierung eines 18 Zoll Himmelsglobus von Robert de Vaugondy aus dem Jahr 1790. Diplomarbeit an der Akademie der Bildenden Künste, Meisterschule für Restaurierung und Konservierung, Wien 1994.

[KLÜBER (1811)] Klüber, Johann Ludwig: Die Sternwarte zu Mannheim. Heidelberg, 1811.

[MATHY (1926)] Mathy, Ludwig: Der Hofastronom Roger Barry von der Mannheimer Sternwarte. In: Mannheimer Geschichtsblätter. Monatsschrift für die Geschichte, Altertums- und Volkskunde Mannheims und der Pfalz; 27/1926. S. 141–149.

[MUELLER (1997)] Mueller, Carla T.: Schloß Mannheim. Hrsg. von der Oberfinanzdirektion Karlsruhe. Schwetzingen: Schimper, 1997.

[OESER (1904)] Oeser, Max: Geschichte der Stadt Mannheim. Mannheim: Bensheimer, 1904.

[OESER (1926)] Oeser, Max: Kurzer Führer durch die Bibliothek Desbillons und ihrer angeschlossenen Büchersammlungen. Mannheim: Städtische Schloßbücherei, 1926.

[PEDLEY (1992)] Pedley, Mary S.: Bel et Utile. The work of the Robert de Vaugondy family of mapmakers. Tring: Map Collector Publ., 1992.

[PFÄLZISCHE MERKWÜRDIGKEITEN (1784)] Pfälzische Merkwürdigkeiten – Kurze Beschreibung der Städte Mannheim, Heidelberg, Frankenthal, Lautern; der Lustschlösser Schwetzingen und Oggersheim; enthaltend die merkwürdigen Gebäude, daselbst blühende Wissenschaften, schönste Künste, darzugehörige Kabinete und öffentliche Vorlesungen; nebst einem vollständigen Verzeichnisse der kurpfälzischen Bildergallerie zu Mannheim. Mannheim, 1784.

[PREISENDANZ (1936)] Preisendanz, Karl: Uraltes Heidelberg. Zur 550. Jahrfeier der Universität Heidelberg. In: Die Gartenlaube (Ausg. B), 3. Juniheft 1936. S. 570.

[RALL (1993)] Rall, Hans: Kurfürst Karl Theodor. Regierender Herr in sieben Ländern (1724–1799). Mannheim, Leipzig [u.a.]: Wissenschaftsverlag, 1993.

[RIEGER (1824)] Rieger, J. G.: Historisch-topographisch-statistische Beschreibung von Mannheim und seiner Umgebung. Mannheim: Tobias Löffler, 1824.

[TURNER (1987)] Turner, Anthony: Early scientific instruments. Europe 1400–1800. London: Sotheby's Publ., 1987.

[WALTER (1928)] Walter, Friedrich: Bauwerke der Kurfürstenzeit in Mannheim. Deutsche Kunstführer, Bd. 26. Augsburg: Filser, 1928.

[WALTER (1929)] Walter, Friedrich: Die Mobiliarausstattung des Mannheimer Schlosses im Jahr 1775. In: Mannheimer Geschichtsblätter. Monatsschrift für die Geschichte, Altertums- und Volkskunde Mannheims und der Pfalz; 30/1929. S. 160–166, S. 180–189, S. 202–213, S. 229–237.

[WINKELMANN (1883)] Winkelmann, E.: Die Universität Heidelberg in den letzten Jahren der pfalzbaierischen Regierung. In: Zeitschrift für die Geschichte des Oberrheins; 36/1883. S. 63–80.

[WOLGAST (1986)] Wolgast, Eike: Die Universität Heidelberg: 1386–1986. Berlin, Heidelberg [u.a.]: Springer, 1986. S. 83ff.

[ZIMMER (1968)] Zimmer: Bericht über den Bestand an Gemälden etc. auf dem Dachboden der Universitätsbibliothek Heidelberg. 30. Juli 1968. In: Akten UB, 2.27.

3

Zur kunstgeschichtlichen Bedeutung des Gestells

Carl Ludwig Fuchs

Kurpfälzisches Museum, Postfach 10 55 20,
69045 Heidelberg, Germany – *fuchsC@heidelberg.de*

Der Globus wurde 1751 in Paris von dem berühmten Kartenmacher Didier Robert de Vaugondy gefertigt. Das ganz geschnitzte elegante französische Gestell des Globus folgt dem zu dieser Zeit schon obsoleten Formenschatz des Stiles Regence und wirkt etwas provinziell, gemessen an den Werken der Versailler Hofkünstler um Louis XV.

Abb. 3.1. Löwenfuß mit züngelnd aufeinander treffendem Blattwerk

Als Tripod gestaltet ruhen drei mit Akanthusblättern belegte eingerollte Voluten auf kräftigen Löwenpranken, unter denen sich Rollen zur bequemen Nutzung des Gerätes befinden. Die Voluten schwingen sich mit einer Innenkrümmung empor, um den Globuskorb zu tragen, bilden aber im unteren Teil noch eine Verbindungsstütze aus, die sich in der Mitte trifft. Die Kanten der Streben sind mit Blattwerk belegt, das züngelnd in der Mitte aufeinander trifft (siehe Abb. 3.1). Eine Seite präsentiert eine große Rocaillekartusche, die das kurpfälzische Wappen in zwei hochovalen Schilden unter einem Herzogshut trägt.

3.1 Die Wappenkartusche

Das Wappen ist wie folgt aufgebaut (siehe Abb. 3.2):[1] In einer Wappenkartusche befinden sich zwei aneinandergeschobene ovale Schilde, bekrönt von einem Herzogshut und hinterfangen von der Kollane des Hubertusordens, zwischen den Schilden sieht man das Ordenskleinod des Ordens vom Goldenen Vlies.

Der heraldisch rechte (vordere) Schild ist quadriert und mit einem Herzschild belegt. Dieses Herzschild zeigt in Schwarz einen (rotgekrönten?) goldenen Löwen (Pfalzgrafschaft bei Rhein). Die vier Felder weisen im einzelnen folgende Wappen auf: Feld1: silber-blau schräglinksgerautet (Herzogtum Bayern); Feld 2: in gold ein schwarzer Löwe (Herzogtum Jülich); Feld 3: in Rot eine goldene Lilienhaspel (eigentlich müsste diese ein silbernes Schildchen überdecken, das jedoch nicht dargestellt ist) (Herzogtum Kleve); Feld 4: in Silber ein goldgekrönter roter Löwe (Herzogtum Berg). (2–4 als Erbteil der Kurfürstin Elisabeth Augusta).

Der linke (hintere) Schild ist geteilt und oben einmal, unten zweimal gespalten. Feld 1: in Gold ein schwarzer Balken (Fürstentum Moers); Feld 2: in Rot über einem grünen Felsen drei (2:1) silberne Lerchen[2] (Marquisat Bergen-op-Zoom); Feld 3: in Silber ein goldgekrönter blauer Löwe (Grafschaft Veldenz); Feld 4: in Gold ein in drei Reihen rot-silber geschachter Balken (Grafschaft Mark); Feld 5: in Silber drei rote Sparren (Grafschaft Ravensberg).

Diese Kartusche zeigt als einziges Stück des gesamten Globus eine reiche, scharf pointierte Rocaillebildung und verrät die Hand eines anderen Schnitzers.

Die Verteilung der pfälzischen Herrschaftswappen in den beiden Wappenschilden wurde so nur von Carl Theodor geführt, da erst unter seiner Regierung das Wappen des Marquisats Bergen-op-Zoom (als Erbe seiner Mutter) aufgenommen wurde.

Auffällig ist allerdings das Fehlen des Kurschildes (lediglich roter Schild) als Zeichen der Kurwürde, mit dem sich das kurfürstliche Wappen üblicherweise von dem der übrigen Angehörigen des Fürstenhauses unterschied. In der hier gezeigten Wappenanordnung gab es zwei Möglichkeiten, diesen Kurschild unterzubringen: Entweder man setzte ihn – in kleinerem Format als die beiden ovalen Schilde – unten zwischen diese (an der Stelle, die hier die beiden Orden einnehmen) oder man rückte ihn in den vorderen Schild in der Form ein, dass er die Stelle des Herzschildes einnahm und den Pfälzer Löwen daraus verdrängte.

Die Rangkrone über dem Wappen ist durch den Hermelinbesatz eindeutig als Herzogshut ausgewiesen und hebt den Führer damit ebenfalls von den übrigen Mitgliedern der Dynastie ab, die lediglich das Recht auf einen einfachen Kronreif ohne Hermelinbesatz hatten. Es handelt sich hierbei eindeutig um den Herzogshut, der einzig der Gemahlin des Kurfürsten Carl Theodor, Elisabeth Augusta als Erbin von Jülich, Kleve und Berg zustand.

---

[1] Die folgende Beschreibung und Zuordnung der Wappenkartusche wurde freundlicherweise von Harald Drös, Heidelberg, angefertigt.

[2] Hier müssten eigentlich drei silberne Andreaskreuze über einem grünen Dreiberg dargestellt sein. Der Bildschnitzer kannte anscheinend das Wappen nicht oder hatte nur eine schlechte Vorlage.

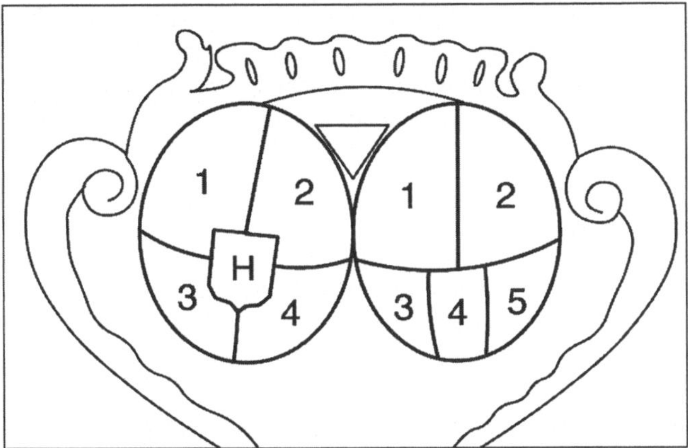

Abb. 3.2. Wappenkartusche nach Restaurierung, darunter: schematische Wappenkartusche. Zuordnung der heraldischen Felder: Der heraldisch rechte (vordere) Schild ist quadriert und mit einem Herzschild belegt. Herzschild H: Pfalzgrafschaft bei Rhein; Feld 1: Herzogtum Bayern; Feld 2: Herzogtum Jülich; Feld 3: Herzogtum Kleve; Feld 4: Herzogtum Berg. Der linke (hintere) Schild ist geteilt und oben einmal, unten zweimal gespalten. Feld 1: Fürstentum Moers; Feld 2: Marquisat Bergen-op-Zoom; Feld 3: Grafschaft Veldenz; Feld 4: Grafschaft Mark; Feld 5: Grafschaft Ravensberg

Das Fehlen des Kurschildes könnte zunächst dazu verleiten, das Wappen auf die Zeit vor Carl Theodors Übernahme der Kurwürde 1744 zu datieren, doch widerspricht dem – neben dem stilistischen Befund – der bereits erwähnte Herzogshut sowie die Abbildung des Ordens vom Goldenen Vlies. Carl Theodors Großvater Theodor Eustach von Pfalz-Sulzbach war zwar bereits 1731 in den Orden aufgenommen worden, doch scheidet er als Wappenführer wegen des Herzogshutes und wegen des Wappens von Bergen-op-Zoom aus. Carl Theodor wurde dagegen erst 1778, also nach seinem Regierungsantritt in Bayern, Ordensmitglied. 1778 markiert somit den ‚Terminus a quo' für das Wappen am Globus.

Carl Theodor nahm nach der Regierungsübernahme in Bayern an Stelle des (hier fehlenden) leeren roten Kurschilds das Reichsapfelwappen als Symbol des Erztruchsessenamts an, außerdem führte er seither zusätzlich Wappen und Titel der (Hinteren) Grafschaft Sponheim (silber-rot geschacht). Da beides im vorliegenden Wappen noch fehlt, gleichwohl aber der Orden vom Goldenen Vlies schon abgebildet ist, könnte die Wappenschnitzerei um 1778 entstanden sein, als möglicherweise noch Unsicherheit über die neue Form des kurfürstlichen pfalz-bayerischen Wappens herrschte.

So viel zur Zuordnung des Wappens am Globus. Das Weglassen des Kurschildes ist als grober heraldischer Fehler zu werten, ebenso die merkwürdige falsche Darstellung des Wappens von Bergen-op-Zoom. Beides ist sicherlich dem ausführenden Bildschnitzer anzulasten; erstaunlich ist aber immerhin, dass diese Fehler vom Auftraggeber akzeptiert wurden.

Technisch wird die Datierung der Wappenkartusche auf etwa 1778 dadurch deutlich, dass für das Einsetzen dieses Elementes die Schnitzarbeiten der Stegverbindung abgearbeitet wurden, um die Wappen einzusetzen. Durch Alterung geöffnete Holzfugen, entstanden vornehmlich durch zwei verschiedene Hölzer, lassen die spätere Einfügung deutlich ins Auge fallen (siehe Abb. 3.3 und im Detail Abb. 4.14).

3.2 Die Gestaltung als Tripod

Der obere Teil der Stützvoluten ist zierlich eingerollt und mit je einem emporzüngelnden Akanthusblatt geschmückt, das die Verbindung zu dem Korbgestell herstellt. Von den Einrollungen aus hängen fein geschnitzte Blütengirlanden festonartig herab und verbinden die drei Beine miteinander (siehe auch Abb. 2.1, da vor der Restaurierung nur noch eine Girlande vorhanden war).

Das aus drei C-förmigen Stützen bestehende Korbgestell trägt einen runden Zargenabschluss mit geschweifter, profilierter Unterkante (siehe Abb. 3.3 und ebenfalls Abb. 4.12 im folgenden Beitrag). Darauf ist eine achteckige Platte mit Aussparung für den Globus montiert, auf der Kupferstiche mit verschiedenen Angaben aufgeklebt sind. Die drei Spangen sind unten in der Mitte vereint und tragen auf der Ansichtsseite eine große Muschel. Im Inneren ist die Verbindung durch eine große Schnitzerei in Form einer liegenden Sonnenblume geschmückt, aus deren Mitte die Halterung für den Messingmeridian herausragt (siehe Abb. 2.9 im vorigen Beitrag).

Seit dem 16. Jahrhundert werden für Globen aufwendige Gestelle gearbeitet. In der Frühzeit sind sie meistens aus Messing oder Bronze gegossen, sie wurden nachziseliert und oft auch vergoldet. Aus den Kunst- und Wunderkammern sind Silber-getriebene Objekte meist Augsburger oder Nürnberger Provenienz erhalten geblieben. Schon relativ früh werden die Gestelle als Tripoden gestaltet, vielleicht in Erinnerung an die dreibeinigen Opferschalen der Antike. Das hier vorgestellte Exemplar ist nahezu identisch mit der Abbildung in D. Diderot und J. L. d'Alemberts *Encyclopédie*[3] aus dem Jahre 1783, wobei es sich bei diesem Artikel um das Werk de Vaugondys handelt.

---

[3] Diderot (1783); siehe auch Abb. 4.2.

Abb. 3.3. Das Gestell vor der Restaurierung

Erstaunlich ist die etwas grobe Behandlung der Schnitzereien, die wenig gemein haben mit der exzellenten Art der Pariser Hofkünstler, das Schnitzmesser zu führen. Ebenso vermisst die monochrome, goldkonturierte Fassung die Raffinesse, die den Brüdern Martin zu eigen war. Die identischen Farbwerte von Gestell und Kartusche, besonders die Rot- und Blautöne in Blumengirlande und Wappenschild, geben Aufschluss darüber, dass diese Fassung erst in der Kurpfalz angelegt wurde, und erklärt somit auch die „deutsche" Wirkung.

Leider findet sich in den drei Inventaren des Mannheimer Schlosses, die aus dem 18. Jahrhundert erhalten sind, kein Hinweis auf diesen Globus oder auf sein Gegenstück, den Himmelsglobus. Vielleicht befand sich der Globus in der Sommer-

Abb. 3.4. Löwenfuß mit Blattwerk nach der Restaurierung (vergleiche auch Abb. 4.15)

residenz der Gemahlin des Kurfürsten in Oggersheim, was die Bekrönung mit dem Herzogshut erklären würde.[4] Sicher ist jedoch, dass diese beiden Globen obligatorisch zu jeder größeren Bibliothek gehörten. So finden sich beide Typen auch in der Bibliothek der im Exil lebenden Prinzessin Henriette Amalie von Anhalt-Dessau in Frankfurt-Bockenheim, obwohl der Zuschnitt der Hofhaltung in keiner Weise mit der des mächtigen Kurfürsten Carl Theodor zu vergleichen ist.

Literatur

[Diderot (1783)] Diderot, Denis; D'Alembert, Jean L.: Encyclopédie méthodique. Arts et Metiers méchaniques. Tome Troisieme. Paris, Liege 1783.

[4] Anm.: der gleiche Herzogshut schmückt das Portrait der Kurfürstin Elisabeth Augusta im Portrait von Joh. Georg Ziesenis im Kurpfälzischen Museum, Inv.-Nr. G-947, wohingegen ihr Gemahl im Gegenstück mit einem Kurhut abgebildet ist (G-1053).

4

Die Restaurierung des Globus

Jens Dannehl

Universitätsbibliothek Heidelberg, Plöck 107–109,
69115 Heidelberg, Germany – *dannehl@ub.uni-heidelberg.de*

„Bibliothek im Wandel", so nannte der frühere Direktor der Universitätsbibliothek Heidelberg, Dr. Elmar Mittler, ein Buch über die Umbaumaßnahmen der Bibliothek, das er 1989 herausgab. Auch unter seinem Nachfolger, Dr. Hermann Josef Dörpinghaus, wandelte sich die Bibliothek, fanden Umbau- und Umstrukturierungsmaßnahmen statt. Bei einer dieser Umbau- und Aufräumaktionen im Rahmen der geplanten Zusammenlegung von Buchbinderei und Restaurierung wurde 1995 ein längst verschollen geglaubter Globus wieder aufgefunden.

Zuvor waren von dem Globus nur die abgelösten Papiersegmente bekannt, die ohne ihre Kugel nutzlos im Tresor der Restaurierungswerkstatt schlummerten. Auf erste Nachfragen im Herbst 1993 nach Kugel und Gestell erinnerten sich einige Angestellte der Bibliothek, dass sich ein Globus in den achtziger Jahren in sehr defektem Zustand über längere Zeit in der hauseigenen Restaurierungswerkstatt befand und dann „verschwand". Da er so kaputt gewesen sei, „habe man ihn wohl auf den Sperrmüll gegeben." 1995 fand sich jedoch hinter Regalen und Schränken das unter Papier, Folien und viel Staub verborgene Gestell mit der Globuskugel wieder auf (Abb. 4.1).

Erste Überlegungen einer Restaurierung wurden schnell wieder verworfen, da die Kosten als zu hoch anzusetzen waren und es sich hierbei nicht um typisches Bibliotheksgut handelte, sondern um einen Globus, über den zum damaligen Zeitpunkt nichts bekannt war. Weitere Recherchen ergaben dann aber einige so interessante und wichtige Details, dass es 1998 gelang, den „Kreis der *61*" der Universität Heidelberg als Sponsor für die Restaurierung des Globus zu gewinnen. Dennoch wäre die Restaurierung wohl kaum gelungen, wenn nicht das Interdisziplinäre Zentrum für Wissenschaftliches Rechnen (IWR) der Universität Heidelberg als Kooperationspartner hinzugekommen wäre.

Dieser Bericht schildert den Zustand des Globus und die Restaurierung seit seiner Wiederauffindung 1995 bis zur ersten öffentlichen Präsentation im Dresdner Stadtschloss im Februar 1999, wo zunächst nur das restaurierte Heidelberger Gestell mit der Kugel des Mannheimer Globus zu sehen war. Im Rahmen der Ausstellung „Kostbarkeiten gesammelter Geschichte" in der Universitätsbibliothek Heidelberg

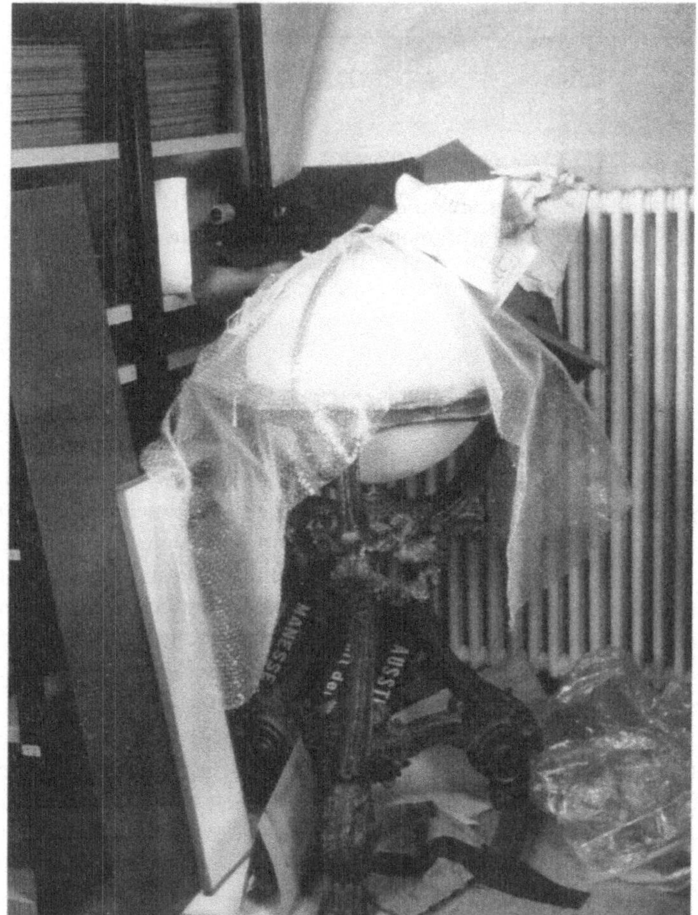

Abb. 4.1. Der Heidelberger Globus bei der Wiederauffindung

von April bis Oktober 2000 wurde erstmals der vollständige Karl-Theodor-Globus mit seiner restaurierten Kugel gezeigt.

4.1 Die Konstruktion eines Globus

Bei den zahlreichen Überlegungen zu den Möglichkeiten einer Restaurierung war nie vorgesehen, zum Heidelberger Erdglobus etwa den verlorenen Himmelsglobus wieder zu rekonstruieren. Dennoch soll hier in Auszügen die mechanische Konstruktion der Globenkugel vorangestellt werden, da die folgenden Anweisungen von Didier Robert de Vaugondy selbst stammen; er schrieb diesen Text für die berühmte französische Enzyklopädie von Diderot und D'Alembert[1] (s. Abb. 4.2).

[1] Diderot (1784), S. 230–232.

Nachdem Robert de Vaugondy die geometrische Konstruktion der Kugeloberfläche, sowie das Erstellen der Linien für die Druckplatten beschreibt (Umrisse, Äquator, Längen- und Breitengrade usw.), lässt er sich im zweiten Teil über die mechanische Konstruktion der Kugel aus. Dieser Teil soll hier wiedergegeben werden.[2]

„Mechanische Konstruktion:

Bei der mechanischen Konstruktion des Globus ist die Präzision der [Kugel]*rundung und der* [exakten] *Montage das Wichtigste. Für die Arbeit* [Herstellung] *an einem Globus werden nicht sehr viele Werkzeuge benötigt. Zunächst wird* [ein Modell] *der halben Zeitzone ABC aus Kupfer* [Messing] *gebraucht, das proportional zu der Kugel ist, die man erstellen will. A ist die Spitze der Zone* [des Segmentes], *B und C bilden den Fuß (Fig. 1).*[3]

Außerdem braucht man eine oder mehrere Halbkugeln ABC aus sehr hartem Holz (s. Fig. 2) [, die als Matrix für die zu modellierende Kugel dienen]. *Diese Halbkugeln müssen auf einem Fuß montiert werden, wenn sie klein sind, und auf drei Füßen, wenn sie eine große Kugel ergeben sollen.*

Als drittes wird ein Halbkreis aus Kupfer [Messing] *oder Eisen benötigt (Fig. 3), dessen innerer Umfang abgeschrägt ist und* [dessen Rundung] *sehr exakt sein muss. Er sollte recht stabil sein. In die Mitte des Halbkreises* [am Scheitelpunkt der Rundung] *werden zwei Löcher gebohrt, um den Kreis mit der Öffnung nach oben an einem Brett mit einer starken Schraube festschrauben zu können. An dem Halbkreis werden von hinten* [zur zusätzlichen Stabilität] *an den Punkten H und K Winkeleisen mit dem Brett verbunden (s. Fig. 3). An den beiden Halbkreisenden befinden sich zwei Flügelschrauben F, G, die durch den Kreis führen und verstellbar sind; sie dienen der Genauigkeit dieses Werkzeuges, von dem die Präzision der Kugel* [später] *abhängt.*

Um die Kugel zu bilden, nimmt man einen möglichst dünnen Karton [Löschkarton] *und fixiert darauf das Modell der Zone ABC, wobei A der Scheitelpunkt ist; von diesem aus zieht man mit einem Stift 12 Halbzonen* [Segmente].

Sodann wird die Holzmatrix mit nasser [Schmier-]*Seife dick eingeschmiert, um zu vermeiden, dass der Karton, der auf die Matrix gelegt wird, festkleben kann. Man legt die erste Schicht der Zonen, die zuvor gut mit Wasser durchfeuchtet wurden, auf die Halbkugel* [Matrix] *auf, wobei die Spitze C der Matrix (s. Fig. 2) genau in das Loch vom Scheitelpunkt passen muss. Der feuchte Karton lässt sich noch mit der Hand in die genaue gewünschte Position verschieben und legt sich exakt an die Kugel an. Man legt nun eine Kordel unterhalb der Linie AB, die den Äquator markiert, an, um die Kartonsegmente fest an der Kugelmatrix zu halten, und verknotet sie.*

Jetzt müssen weitere 24 einzelne Halbzonen/Segmente ausgeschnitten und durchfeuchtet werden. Sie werden dick mit Mehlleim [Weizenstärkekleister] *eingeschmiert und versetzt auf die erste Segmentlage aufgeklebt, so dass die Übergänge der jeweils*

[2] Die Übersetzung des Originaltextes stammt von Nicole Stöcker, der ich an dieser Stelle ganz besonders für ihre akribische und engagierte Arbeit an diesem historischen Text danke. Die Hinzufügungen in eckigen Klammern dienen zum besseren heutigen Verständnis des Textes.

[3] Zu dieser und den im folgenden genannten Figuren siehe Abb. 4.2.

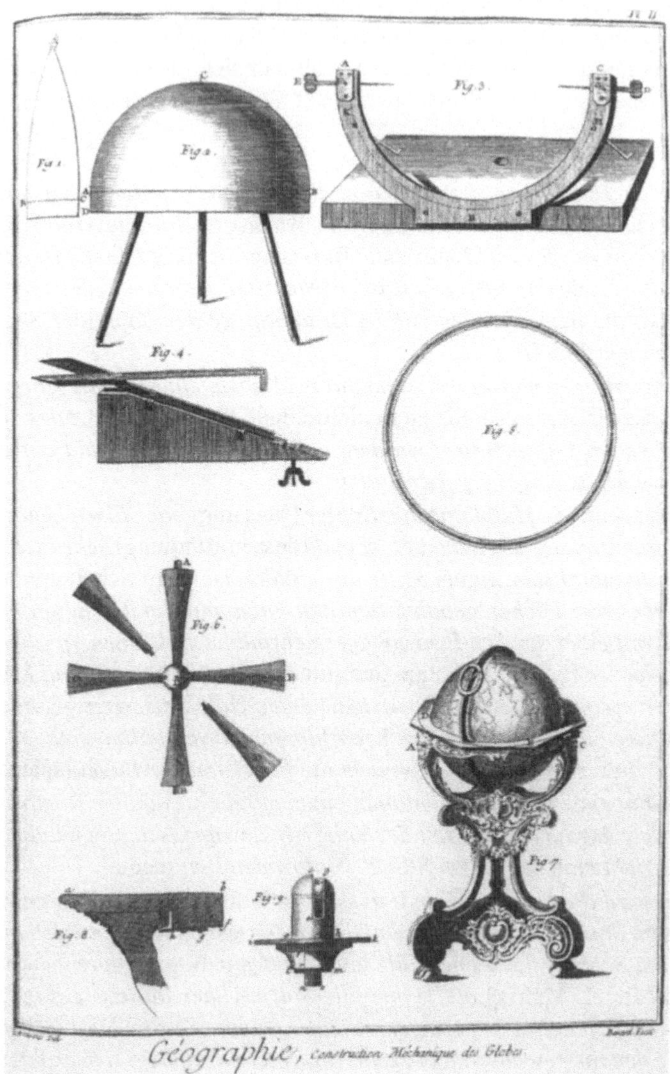

Abb. 4.2. Mechanische Konstruktion der Globuskugel. In: Diderot, Denis; D'Alembert, Jean L.: Recueil des Planches de L'Encyclopédie, par ordre de matiérs

darunterliegenden Segmente zu einem Drittel abgedeckt sind, wie es das Profil der Fig. 5 zeigt. Sobald dieser Vorgang für alle drei Schichten abgeschlossen ist, wird alles mit Leim eingeschmiert und wenn alle Segmente gut zusammenpassen, kann die Halbkugel trocknen.

Nach dem Trocknen der Papierhalbkugel ziehen wir mit einem Stechzirkel eine Linie der Distanz AD (Fig. 2), die die genaue Hälfte der späteren Kugel angibt. Danach wird die Kordel abgenommen, die die erste Schicht der Segmente festhielt und mit einer [scharfen] *Klinge werden die Ränder der Papierschichten unterhalb der Matrix abgeschnitten. Wenn Sie Schwierigkeiten haben, die Papierhalbkugel abzunehmen, müssen Sie ganz unten mit einem Hammer aus Buchsbaum klopfen; es ist selten, dass sich die Kugel dann nicht löst, ansonsten haben Sie beim Einseifen einen Fehler gemacht.*

Nachdem wir zwei trockene, von der Matrix gelöste Halbkugeln haben, schneiden wir mit der hierfür festgestellten Schere der Fig. 4 an der eingezeichneten Linie AD [die genaue Halbkugel] *zu. An den beschnittenen Halbkugeln raspelt man den Schnitt auf, um die Oberfläche für den starken Leim* [Knochenleim] *aufzurauhen* [zu vergrößern]. *Mit Hilfe einer Achse aus Holz, die aufgrund ihrer dünnen* [sich verjüngenden] *Form in der Mitte allgemein als „Knochen des Todes" bezeichnet wird und deren Länge den inneren Durchmesser der Kugel darstellt, werden die beiden Halbkugeln zusammengesetzt.*

Die Arme der Achse müssen leicht kugelförmig sein und mit einer zylindrischen Fassung versehen werden, [in die anschließend durch die Öffnungen in den Polen Metallstifte eingefügt werden]. *Wenn die Kugeln eine beachtliche Größe haben, benutzt man statt der einfachen Achse eine andere (Fig. 6), bestehend aus vier Schenkeln, die zueinander senkrecht stehen* [s. auch Abb. 4.3]. *Sie dient dazu, die Zusammensetzung der beiden Halbkugeln zu tragen* [die Stabilität zu verstärken]. *Wir fixieren die Achse zunächst in einer der Halbkugeln mit Knochenleim, den wir an einem der Enden auftragen, sowie an dem Punkt der Halbkugel, wo sie enden soll. Danach befestigen wir auf der Hälfte der Schenkel die vier anderen Schenkel C, D, E, F mit Knochenleim an den Rand der Halbkugel. Wenn die Achse dann in der ersten Halbkugel fixiert ist, wiederholen wir den Vorgang für die zweite Halbkugel* [, die sodann auf die erste Halbkugel geklebt wird]. *Wenn nach der Montage noch Verbindungsstellen ohne Leim sind, tragen wir ihn dort mit einem kleinen Spatel nachträglich auf.*

Sobald der Leim gut getrocknet ist, raspeln wir die Verbindungsnaht [der beiden Kugelhälften] *ab, bis sie schön gleichmäßig ist und legen dann zwei oder drei Lagen starken Papiers auf, das wir zuvor mit Mehlleim* [Stärkekleister/Kleisterwasser] *durchtränkt haben.*

Die erstellten Kugeln sind bereits recht genau [rund], *aber sie sind noch zu grob, um die bedruckten Papiersegmente darauf befestigen zu können. Deshalb müssen sie noch weiter bearbeitet werden. Dafür benutzen wir den Halbkreis aus Eisen, von dem wir bereits gesprochen haben (Fig. 3). Wir schneiden die beiden überstehenden Enden der Achse, die durch die Kugel läuft* [Polarachse] *ab, bis sie genau in den Durchmesser des Halbkreises passen. Wir machen in jedes Ende ein kleines Loch, in das die zylindrischen Bolzen des Halbkreises passen, so dass die Kugel wie in einer Drehbank gehalten wird.*

Sollten einige Stellen des Kartons an dem Halbkreis [beim Drehen der Kugel] *reiben, müssen diese abgefeilt werden, so dass die Kugel den Halbkreis an keiner Stelle berührt.* [Es müssen noch einige Millimeter Platz zwischen Kugel und Halbkreis verbleiben (s.u.)]. *Dann schmieren wir die Kugel* [in mehreren Schichten] *mit einer Zusammensetzung aus weißer Farbe* [Kreide] *ein, bis sie den Halbkreis an jeder Stelle berührt. Dabei müssen wir aufpassen, dass wir pro Schicht nicht zuviel nehmen, damit sie später nicht aufreißt* [Schrumpfungsrisse]. *Die eingeschmierte Kugel drehen wir in dem Halbkreis, der alles Überschüssige abnimmt. Danach lassen wir die Kugel trocknen. Dieser Vorgang wird wiederholt, bis zwischen der Kugel und dem Halbkreis kein Platz mehr ist.*

Wenn wir fast fertig sind, müssen wir das Weiß so lange verdünnen, bis es wie weißes Wasser aussieht [Lösche]*; so wird das Weiß – oder der Kitt – angefertigt:*

Wir nehmen große Stücke „weißer Farbe" [Kreide], *wie die Vergolder sie benutzen, zerkleinern sie mit einem Stück Holz und streichen sie dann durch ein Sieb; wir nehmen „colle de Flandre",*[4] *den weißesten und besten, da er die Zusammensetzung nicht färbt; ein Pfund dieses Leims wird* [später] *mit 8 Stücken des „Weiß"* [Kreide] *gemischt. Man lässt diesen Leim über Nacht in Wasser einweichen und wenn er sehr feucht* [aufgequollen] *ist, lässt man ihn bei schwacher Hitze schmelzen; anschließend wird er durch ein Sieb geschüttet, um die Haut abzunehmen, die einen schlechten Einfluss nehmen kann.*

Nach dem Abschütten geben wir die zerstoßene Kreide in einen großen Topf und geben langsam den Leim hinzu; die Masse wird gut mit den Händen verknetet.

Der Kitt wird dann sofort auf die Kugel geschmiert; sollte er [im Topf] *erkalten, muss er bei schwacher Hitze wieder geschmolzen werden. Dabei muss gut umgerührt werden, damit der Leim nicht anbrennt. Wenn die Kugel fertiggestellt ist, sollte man sich davon überzeugen, dass sie absolut rund ist. Dazu kommt sie wieder in den Halbkreis und mit Hilfe eines Kupfernagels, den wir befestigen, zeichnen wir beim Drehen den Äquator.* [...]

Nun müssen die Druckabzüge des Globus auf die Kugel gebracht werden. Um dies auf einfache Weise zu erledigen, muss die Kugel in zwölf Zeitzonen unterteilt werden, [...]

Die gedruckten Zeitzonen [Segmente] *müssen dazu* [zum Aufkleben auf die eingezeichneten Zonen] *auseinandergeschnitten und mit Wasser gut durchtränkt werden* [gedruckt werden die Zonen auf einem oder mehreren Planodruckbögen]. *Anschließend werden sie mit Stärkeleim* [Weizenstärkekleister] *getränkt und eine nach der anderen auf die Kugel gelegt, wobei die Flächen der Zonen genau mit denen der Kugel übereinstimmen müssen. Das Papier muss sich jetzt* [der Kugelwölbung] *anpassen; dabei reiben wir die Kugel solange mit einem Polierstab ab, bis das Papier genau seinen Platz ausfüllt.*

Wir verkleben die gesamte Kugel danach mit demselben Stärkeleim, der jedoch etwas klarer [dünner] *sein sollte, indem wir die Kugel in den Händen drehen* [Schließen des Papierfasergefüges]. *Der Leim muss überall gleichmäßig verteilt sein; die Kugel wird dann an einen Ort aufgehängt, wo kein Staub drankommen kann, bis sie vollkommen trocken ist. Dieses Verkleben ist eine notwendige Vorbereitung für die Lackschichten, die darauf aufgetragen werden. Ich sagte bereits, dass dies mit relativ*

[4] Leim aus Flandern galt im 18. Jahrhundert als ein besonders guter Leim, der aus Schaf- und Lämmerfellen, sowie anderen Tierfellen hergestellt wurde. Er zeichnet sich durch seine bleiche und transparente Farbe aus (s. hierzu auch: Watin: Der Staffirmaler oder die Kunst anzustreichen, zu vergolden und zu lackiren... Leipzig 1774, S. 43–45.).

klarem Leim gemacht werden muss, denn wenn der Leim zu dick ist, führt dies zu einer rissigen Oberfläche und der Lack würde splittern.

Nun muss unsere Kugel in einen Meridian[ring] *gesetzt werden. Dieser Meridian kann entweder aus Karton oder aus Kupfer* [Messing] *hergestellt werden: Karton kann nur für kleinere Globen benutzt werden; ab einer bestimmten Größe – ein Fuß oder 18 Zoll – muss der Meridian unbedingt aus Kupfer* [Messing] *bestehen. Auf die letztere Konstruktion möchte ich hier nicht eingehen, denn diese zu erstellen ist die Aufgabe von Ingenieuren.*

Ich bevorzuge für den Karton den Gebrauch von gutem Papier. Man benötigt mindestens 24 Bögen, um die Dicke eines Kartons, die sich, wenn der Karton fertiggestellt und gepresst ist, auf [die Dicke von] *noch höchstens 12 Bögen reduziert.*

Ich möchte die Beschreibung der Erstellung eines Globus nicht zu weit ausdehnen; die Einzelheiten, die ich bereits erläutert habe, scheinen mir ausreichend, um sie leicht in die Praxis umzusetzen.“

4.2 Finanzierung und Sponsoren

Der Globus wies bei seiner Wiederauffindung 1995 zahlreiche Beschädigungen am Gestell und an der Kugel auf, Schnitzereien waren verloren, die Fassung vielfältig gesprungen, die Kugel besaß mehrere Löcher und die Papiersegmente waren abgelöst und stark beschädigt. Es wurde schnell klar, dass eine Restaurierung eine erhebliche Summe kosten würde, die die Universitätsbibliothek im Zeichen des Sparhaushaltes des Landes aus dem normalen Etat nicht würde aufbringen können; diese Aufgabe würde nur über Sponsoren zu finanzieren sein. Zunächst wurde daher die Wiederentdeckung des Globus in einem Beitrag zum 60. Geburtstag von Dr. Hermann Josef Dörpinghaus, dem damaligen Leitenden Bibliotheksdirektor der Universität, publik gemacht, um ein breiteres Interesse für den Globus zu wecken.[5] Trotz vielfältiger Anfragen bei verschiedenen potentiellen Sponsoren lehnten diese aus unterschiedlichen Gründen höflich, aber entschieden ab. Drohte der Globus wieder in der Versenkung, sprich in einer Ecke des Magazins, zu verschwinden?

Bei einer Führung des Rektorats im Frühjahr 1998 gelang es aber dann Hermann J. Dörpinghaus, den Rektor der Universität, Prof. Dr. Jürgen Siebke, und den damaligen Kanzler, Siegfried Kraft, auf den beschädigten Globus aufmerksam zu machen. Diese schlugen vor, den universitären „Kreis der *61*“ als Sponsoren für die Restaurierung des Karl-Theodor-Globus zu gewinnen. Im Juni stellte Hermann Dörpinghaus in einem Vortrag das Globusprojekt dem „Kreis der *61*“ vor, dessen Mitglieder sich spontan bereit fanden, das Projekt finanziell zu unterstützen.

Dank der Vorarbeiten konnte jetzt die Sache schnell ins Laufen gebracht werden: Die Schreinerei im Zentralbereich Theoretikum der Universität fertigte eine spezielle Transportkiste an, in der das Globusgestell schon Mitte Juli 1998 zur Restaurierung nach Köln zur „Gruppe für Konservierung und Restauration von Gemälden, Skulpturen und Holzobjekten“ gebracht werden konnte. Dort arbeiteten eine Restauratorin für Gemälde und Skulpturen, ein Restaurator für Holzobjekte, eine Metallrestauratorin und eine Bildschnitzerin am Globus.

[5] Dannehl (1997).

4.3 Zustandsdokumentation und Restaurierungskonzeption

Die zahlreichen Schäden unterschiedlicher Ausprägung, die der Erdglobus bei seiner Wiederauffindung 1995 aufwies, sind auf mehrere Ursachen zurückzuführen, die im Folgenden näher erläutert werden. Eine erneute Präsentation des Globus machte eine aufwendige und umfangreiche Restaurierung nötig, die von Restauratoren unterschiedlicher Fachrichtungen durchgeführt werden musste, da der Globus sich aus einer sehr komplexen Materialzusammensetzung aufbaut: Das Gestell ist aus Holz, das polychrom gefasst und z.T. vergoldet wurde (→ Holz- und Skulpturenrestaurierung). Der Meridianring und der Führungsknauf für die Kugel sind aus Messing (→ Metallrestaurierung) und die Kugel selbst besteht aus Pappmaché mit einem Gips- oder Kreideüberzug (→ Papierrestaurierung und/oder Skulpturenrestaurierung). Der Horizontring und die Kugel sind mit Papierteilen beklebt (→ Papierrestaurierung), die wiederum mit einem Firnis überstrichen wurden (→ Gemälderestaurierung). Hieraus wird deutlich, dass es sich um einen Kunstgegenstand von großer materieller Vielfältigkeit handelt.

Um einen Überblick über den Zustand des Globus zu bekommen, wurde eine Schadensdokumentation der einzelnen Teile mit Überlegungen zu verschiedenen Restaurierungsmaßnahmen erstellt. Dabei war zu berücksichtigen, dass die Maßnahmen an den einzelnen Teilen nicht isoliert gesehen werden dürfen, sondern sich zu einem harmonischen Ganzen zusammenfügen müssen.

4.3.1 Die Kugel

Die Kugel mit einem Außenumfang von 142 Zentimetern (Messung am Äquator) ist aus zwei Halbkugeln horizontal zusammengesetzt.

Da die Papiersegmente wohl bei einem Restaurierungsansatz zu einem unbekannten Zeitpunkt (siehe Anm. 20) von der Kugel abgelöst wurden, ist der Körper der Kugel frei sichtbar. Durch Risse und Sprünge in der Oberfläche zeichnen sich die Segmente z.T. sowohl auf der Innen-[6] als auch auf der Außenseite der Kugel deutlich ab. Es finden sich allerdings keine sichtbaren Unterteilungen auf der Kugel, die vom Anzeichnen der einzelnen Segmente herrühren, wie es von de Vaugondy selbst[7] und u.a. auch von Karl Jäckel beschrieben wird.[8]

Die Kugel ist aus einer ca. 5 mm starken Schicht aus Pappmaché aufgebaut, die auf der Innenseite eine rauhe Oberfläche aufweist. Auf diesen Unterbau wurde auf der Außenseite eine mit einem Bindemittel[9] versehene weiße Schicht aufgetragen, deren Stärke zwischen 2 mm und 6 mm schwankt. Auf ihrer Oberfläche finden sich noch Schleif- und Glättspuren. Mikrochemische Analysen ergaben, dass es sich bei der weißen Schicht um Kreide ($CaCO_3$) und nicht um Gips ($CaSO_4$) handelt,[10] wie

[6] Durch ein großes Loch kann man in das Kugelinnere sehen.

[7] Siehe Diderot (1784).

[8] Jäckel (1981), S. 264.

[9] Bei dem Bindemittel handelt es sich wahrscheinlich um Haut- oder Knochenleim.

[10] Die Analysen wurden durchgeführt nach: Schramm (1989), S. 168 und S. 175.

vielfach in der Literatur beschrieben. Die Verwendung von Kreide z.B. als Grundierschicht für gefasste Skulpturen galt nördlich der Alpen als durchaus üblich, während südlich der Alpen in der Regel Gips verwendet wurde.[11]

Zum Stützen und Formhalten der Kugel ist im Inneren ein Holzkreuz aus sechs pilzförmigen Schenkeln angebracht, die mittels Haut- oder Knochenleim mit dem Pappmaché verklebt sind (Abb. 4.3). Die beiden zu den Polen führenden Schenkel enden in einem ca. 15 mm breiten Holzsporn, der fast bis an die Kugelaußenfläche tritt. In diese Sporne ist jeweils ein Messingsporn eingelassen, an den der Meridianring aus Messing befestigt ist.

Abb. 4.3. Blick durch das große Schadensloch in das Innere der Kugel. Man sieht das sechsarmige Holzkreuz

Der Meridianring ist zwar verschmutzt, weist jedoch sonst eine schöne Patina auf. Einseitig sind in den Ring die Breitengrade (90 einzelne Gradeinteilungen je Viertelkreis), Klimazonen und Stunden eingraviert. Der normalerweise am Meridianring angebrachte Stundenring ist nicht mehr vorhanden. Bei 12° Südost ist der Ring gebrochen und schon in früherer Zeit durch Einsetzen eines Metallstreifens in Längsrichtung des Ringes und je zwei Nieten links und rechts des Bruches quer durch den Ring wieder kunstvoll repariert worden.

Die Kugeloberfläche ist von zahlreichen Sprüngen und Rissen unterschiedlicher Breite und Tiefe überzogen, die ihren Ursprung hauptsächlich in den durch die Papiersegmente hervorgerufenen Spannungen und in mechanischen Beschädigungen (Löcher und Dellen) haben. Neben verschiedenen kleineren Dellen und Absplitterungen finden sich zwei größere Dellen (ca. 5,5 × 3,5 cm und 1,5 × 1,5 cm), an denen die Kreideschicht abgeplatzt ist. Das große Loch (14 × 10 cm) in Höhe des Äquators fällt besonders ins Auge (siehe Abb. 4.4 und 4.7). Leider ließen sich im

[11] Freundliche mündliche Auskunft von Carmen Seuffert, Diplom-Restauratorin; Köln.

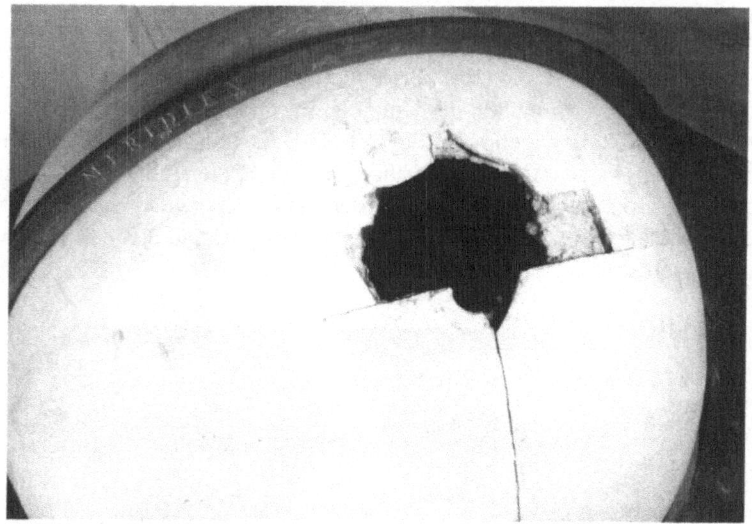

Abb. 4.4. Das große Loch in der Kugeloberfläche

Kugelinneren keine aus dieser Fehlstelle stammenden Papiermaché- oder Kreideteile finden. Im Vergleich mit diesem großen Loch wären die beiden anderen kreisrunden Löcher mit einem Durchmesser von etwa 1–1,5 cm kaum erwähnenswert; allerdings sind sie für die Geschichte des Globus sehr interessant: Ein Durchschuss durch die Kugel führte zur Entstehung der beiden Löcher. Das Geschoss trat am Nordpolarmeer (Segment s10) ein, streifte die Holzachse und beschädigte diese leicht. Auf der gegenüberliegenden Seite an der nigerianischen Küste (Segment s2) trat die Kugel knapp unterhalb des Äquators wieder aus, wobei sie einen Teil der Kreideschicht abgesprengt hat (Abb. 4.5).

Auf der Kugeloberfläche sind in Bleistift Zahlen eingetragen, die auf die früher an diesen Stellen aufgeklebten Papiersegmente hinweisen. Auf den Rückseiten der heute abgenommen Segmente finden sich diese Zahlen wieder, sie dürften von der oben erwähnten Ablösemaßnahme stammen, bei der die fragilen Segmente anschließend mit Japanpapier rückseitig kaschiert wurden. Eventuell stammen diese Kaschierungen aber auch erst aus den siebziger/achtziger Jahren des 20. Jahrhunderts.

Restaurierung der Kugel

Damit sich die Kugel wieder gleichmäßig in der Achse drehen kann, müssen die Löcher in der Kugel geschlossen und die Dellen ausgebeult werden.

Das Ausdellen sollte nach Möglichkeit trocken geschehen, eventuell ist zur anschließenden Formhaltung und Stabilisierung eine Fixierung mit Gelatine oder einer Methylcellulose notwendig. Ein Ausdellen ist durch das große Loch relativ einfach von innen zu bewerkstelligen, ebenso wie das Schließen der beiden kleineren Löcher mit Papiermasse und das Aufbringen einer Kreideschicht. Allerdings muss mit möglichst wenig Feuchtigkeit gearbeitet werden, da die Kugel aufgrund ihrer

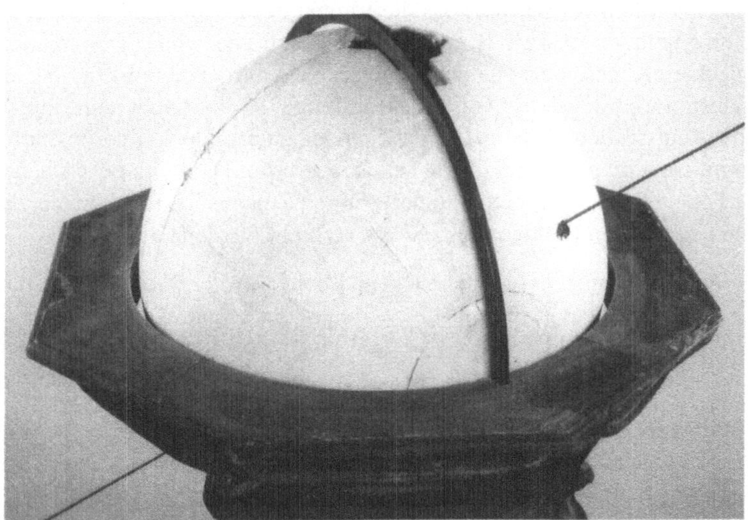

Abb. 4.5. Einschusskanal durch die Erdkugel. Der Schussverlauf wird durch den Stab dargestellt

Herstellungstechnik unter Spannung steht, die bei erhöhter Feuchtezufuhr zu Problemen führen kann.[12]

Das große Loch lässt sich nur mit Hilfe einer möglichst leichten Brückenkonstruktion schließen, auf die dann von außen Papierbrei und eine Kreideschicht aufgebracht werden kann. Hierzu sind verschiedene Möglichkeiten denkbar:

- Eine Gitterkonstruktion aus gewölbten Kartonrippen mit der exakten Kugelwölbung wird mit Knochenleim auf die Innenseite der Kugel geklebt. Dieser Träger kann mit Japanpapier überzogen und das geschlossene Loch mit Pappmaché und Kreide aufgefüllt werden.[13]
- Eine gewölbte Konstruktion aus Aluminium-Maschendraht oder Fiberglas wird als Träger auf die Kugelinnenseite mit einem Acrylat (Kunstharzklebstoff) geklebt. Auch hier wird das geschlossene Loch anschließend mit Pappmaché und Kreide aufgefüllt.[14]
- Ein Luftballon wird an der Fehlstelle im Kugelinneren aufgeblasen, so dass der Ballon von der einen Seite vom Achsenkreuz gehalten wird und auf der anderen Seite von innen gegen das Loch in der Kugelschale drückt. Der Ballon dient als Träger für die aufzutragende Pappmaché- und Kreideschicht.[15] Nachdem die Fehlstelle geschlossen ist, kann der Ballon durch ein kleineres Loch mit einer langen Nadel zerplatzt und mit einer Pinzette aus der Kugel entnommen werden.

[12] Baynes-Cope (1987), S. 33–37.

[13] Lingbeek (1993).

[14] Leyshon (1988), S. 13–20.

[15] Klasz (1994), S. 45.

- Ein dünnes Baumwollgewebe, das die Kanten des Loches um ca. 3 cm überragt, wird mit einem Acrylharz, z.B. Paraloid B 72, bestrichen und auf der mit einer Folie abgedeckten Kugelinnenseite unter Sandsäckchen trocknen lassen; man erhält so einen festen Abdruck der Innenseitenkrümmung. Sodann zieht man einige Zwirne durch die entstandene Schale. Die Fadenenden, die auf der konvexen Seite herausragen müssen, dienen dazu, die an den Rändern mit Hautleim bestrichene Schale in die Fehlstelle zu dirigieren und den nötigen Zug ausüben zu können, damit die Schale fest mit den Rändern des Loches verklebt werden kann.

Man entschied sich dafür, die kleinen Löcher in der Kugel durch das große Loch hindurch mit Japanpapier und einem relativ trockenem Weizenstärkekleister zu hinterlegen. Für die große Fehlstelle wurden Japanpapierstreifen gitterartig zunächst an je einer Seite von innen an den Rand der Fehlstelle geklebt und nach dem Trocknen miteinander und auf der jeweils gegenüberliegenden Seite verklebt.

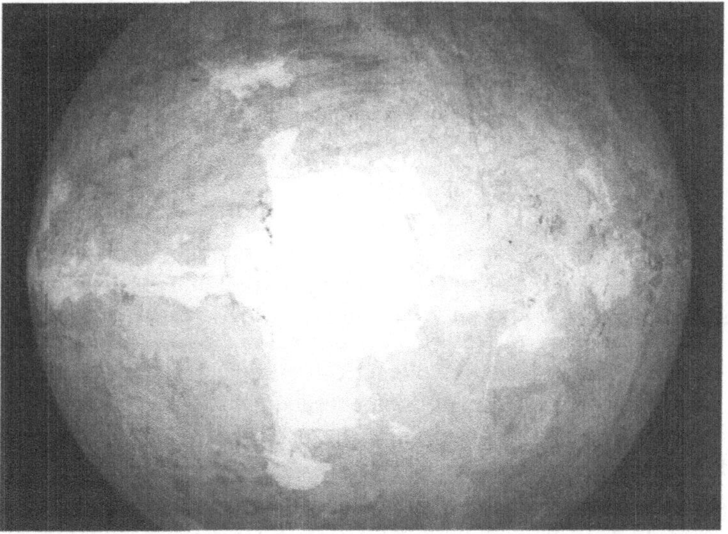

Abb. 4.6. Kugel nach dem Schließen der Risse und Fehlstellen

Nachdem die Verklebung getrocknet war, wurde die so hinterlegte Fehlstelle zunächst mit Papierbrei geschlossen:

Aus Cellulosefasern, wie sie zum Anfasern in der Papierergänzung verwendet werden, wurde Pappmaché mit einer 0,5 %igen Tyloselösung hergestellt. Mit diesem Pappmaché wurden die Fehlstellen sodann in mehreren dünnen Lagen aufgefüllt, wobei jede Lage gut austrocknen musste, ehe eine neue Lage aufgesetzt werden konnte, damit es weder zu Schrumpfungsrissen kommen konnte noch zu viel Feuchtigkeit in die Originalkugel wanderte und dort Spannungen hervorrufen beziehungsweise die Japanpapierverklebung anlösen konnte.[16]

[16] Wächter (1960), S. 37–42.

Anschließend wurde eine etwa 3 mm starke Kreideschicht[17] aufgetragen. Um wieder die exakte Rundung zu erhalten, wurde die Oberfläche an den Füllungen nach dem mehrtägigen Trocknen mit feinem Schleifpapier abgeschliffen und mit Hilfe eines zuvor an einer intakten Stelle genommenen Models die Rundung kontrolliert. Die Kraquelles und kleineren Risse wurden von Absplitterungen gereinigt und mit Kreidemasse gekittet. Anschließend konnten die gekitteten Stellen mit feinem Schleifpapier und feuchtem Kork geschliffen und poliert werden. Der angefallene Schleifstaub wurde später trocken in die feinen Kraquelles und Risse hineingerieben, um diese zu füllen (Abb. 4.6).

Abschließend wurde die Oberfläche mit einer 2%igen Gelatinelösung abgeleimt, um für das spätere Aufkleben der Papiersegmente die Saugfähigkeit der Kreideschicht herabzusetzen.[18] Außerdem wurde durch diese Maßnahme der Schleifstaub in den Rissen fixiert.

4.3.2 Die Papiersegmente

Die Globuskugel war mit 28 in Kupferstichtechnik bedruckten Papierteilen überzogen.[19] Je zwei Halbkreise bilden die Polkappen, je 12 trapezförmige Segmente bilden die Nord- bzw. Südhalbkugel der Erde (Abb. 4.8). In den achtziger Jahren sind die Segmente zur Stabilisierung auf Japanpapier kaschiert worden.[20]

Auf dem originalen Papier liegt ein sehr stark kraquellierter und vergilbter Firnis; besonders die Südhalbkugel ist hiervon betroffen. Die Segmente der Nordhalbkugel erscheinen dagegen großteils dunkelgrau verschmutzt, ein übliches Schadensbild bei Globen, da sich auf der nach oben weisenden Nordhalbkugel Schmutz und Staub leichter absetzen kann.

Eine Trockenreinigung des Papiers erweist sich als erfolglos, der Schmutz ist fest in das Papiergefüge eingebunden. Auffällig sind die zahlreichen Risse, Fehlstellen und Abschabungen im Papier; an einigen Stellen entsteht der Eindruck, als sei das Papier durch mikrobiologischen Befall fast vollständig abgebaut, z.B. an der Ostküste der USA; an anderen Stellen wurden Teile in geometrischer Form herausgeschnitten und mit anderem Papier wieder ausgefüllt. Diese Reparaturen müssen vor der mechanischen Beschädigung der Kugel durchgeführt worden sein, da sich diese Beschädigungen an den entsprechenden Papiersegmenten auf diese Reparaturren ausdehnen bzw. nur durch ein Japanpapier kaschiert wiederfinden (siehe Abb. 4.7 und Abb. 4.8).

Auf den eingesetzten Papierflicken wurden unterbrochene Linien und Umrisse mit schwarzer Tusche anscheinend per Hand eingezeichnet. Viele Fehlstellen – meist

[17] Die Kreidemasse ist zusammengesetzt aus Rügener Kreide und Champagnerkreide (1:1) unterschiedlicher Korngrößen und Tylose, 2%ig.

[18] Siehe Leyshon (1988).

[19] Der Kupferstich war im 18. Jahrhundert als Drucktechnik besonders geeignet für die Herstellung von Karten, da er die Darstellung sehr feiner Linien ermöglichte.

[20] Bei der Auffindung des Globus 1968 auf dem Dachboden des Südtraktes der Universitätsbibliothek (siehe Zimmer (1968)) befanden sich die Segmente wahrscheinlich schon nicht mehr auf der Kugel (freundliche mündliche Auskunft von Dr. Gustav Ewald; Gaiberg).

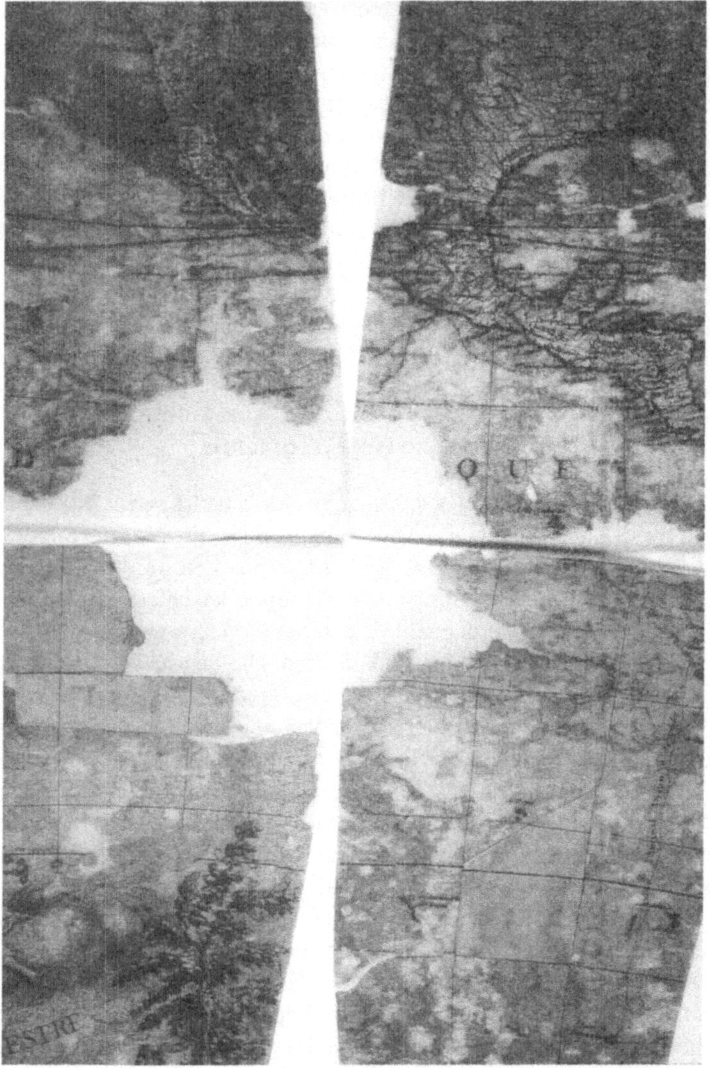

Abb. 4.7. Vier Papiersegmente des Pazifik mit großer Fehlstelle

unregelmäßigen Aussehens – sind einfach unausgefüllt und wahrscheinlich zu einem späteren Zeitpunkt entstanden.

Wie schon erwähnt, bleibt eine Trockenreinigung des Papiers ohne ein positives Ergebnis. Ein Anlösen und Entfernen des Firnis (wahrscheinlich Harze oder trocknende Öle)[21] ist mit den dafür üblichen Lösungsmitteln (Petroleumbenzin, Tetrahy-

[21] Bei einem Himmelsglobus von Didier Robert de Vaugondy handelte es sich um einen öl- und harzhaltigen Firnis, wie Untersuchungen mittels Anfärbetests ergaben (siehe hierzu Klasz (1994), S. 29 und S. 53).

Abb. 4.8. Segmente mit alten Papierreparaturen und -kaschierungen

drofuran, Ethylacetat, Ethyl-Methyl-Keton)[22] nicht möglich. Reines Ethanol führt zwar zu einem leichten Anlösen, löst aber gleichzeitig die Druckfarbe ab.

Auch eine Nassreinigung im Heißwasserbad mit Zusatz eines Netzmittels[23] führt zu keiner merkbaren Säuberung des Papiers. Ein probehalber mit dem Bleichmittel Calciumhypochlorit behandeltes Segment zeigt zwar nach dem Bleichbad ein helleres Aussehen, die Schrift und Linien sind besser zu erkennen, aber von einer Säuberung des Papiers kann auch hier nicht gesprochen werden. Allerdings lässt sich feststellen, dass das Papier im Wasser stark aufquillt und sich sodann aufzulösen beginnt; das Papierfasergefüge ist durch mikrobiologische Schädigung und photochemische Oxidation vollständig abgebaut und wird nur noch durch Bindemittel, Firnisreste und Schmutz in einer einigermaßen stabilen Form gehalten.

Der Sinn einer Wiederverwendung der Papiersegmente bei der Restaurierung des Globus erschien demnach fraglich, da zum Abmildern der Verschmutzungen und zum Entfernen der Firnisreste mit aggressiven Chemikalien gearbeitet werden müsste, die auch das schon stark geschädigte Papier in Mitleidenschaft ziehen würden. Zudem bliebe der reinigende Effekt ungewiss und die verbleibenden Schmutzreste und

[22] Banik (1984), S. 94–101.

[23] Lutensol AO 8 der Firma BASF 1%ig in Wasser.

Fehlstellen würden den repräsentativen Charakter des Gestells stören; wie sich das abgebaute Papier zukünftig unter dauerndem Lichteinfluss verhalten würde, ist außerdem nicht vorhersehbar. Andererseits würde sich mit der Wiederverwendung der Papierteile die Möglichkeit bieten, die wechselvolle Geschichte des Globus zu dokumentieren.

Eine Alternative war die Verwendung von Kopien intakter Segmentvorlagen, mit denen die Kugel überzogen wird. Die Originalsegmente würden dann auf einem säurefreiem Karton fixiert und separat aufbewahrt.

Das Bekleben der Kugel mit diesen Kopien, die man z.B. auch auf einem leicht getöntem Papier anfertigen könnte, birgt einige Risiken und Schwierigkeiten, da sich das Papier beim Befeuchten durch den Klebstoff (Weizenstärkekleister) vergrößern wird, die feinen Linien an den Übergängen der Segmente aber anschließend übereinstimmen müssen. Aus diesem Grunde wird in der gängigen Restaurierungsliteratur auch vor einem vollständigen Abnehmen der Originalsegmente gewarnt; im vorliegenden Fall ist die Abnahme leider schon in früherer Zeit erfolgt. Um das erneute Aufkleben etwas zu erleichtern, muss die Kreideschicht mit Kleister oder Gelatine abgesättigt werden, um anschließend die eingekleisterten Papiersegmente noch korrigierend verschieben zu können. Auch ist es sinnvoll, sich auf einer Folie die „Sollgröße“eines Segmentes aufzuzeichnen. Das Segment wird auf der Folie mit Kleister bestrichen; es erhält Zeit zum Dehnen, bis die eingezeichnete Sollgröße erreicht ist. Leider stellte sich jedoch beim genauen Überprüfen der Originalsegmente heraus, dass sie – entgegen der Beschreibung Robert de Vaugondys – keine einheitliche Größe aufweisen, sondern sehr individuelle Formen besitzen.

Die auf den Horizontring aufgeklebten acht bedruckten Papierteile sind nicht gefirnisst, aber so stark verschmutzt, dass die einzelnen Darstellungen und Linien kaum noch zu erkennen waren.[24]

Wie ein probehalber abgelöstes Stück zeigte, ist auf das Holz des Horizontringes eine dünne bindemittelhaltige Kreideschicht aufgebracht, auf die eine zweiteilige Papierschicht geklebt wurde. Auf diese wurde dann mit einem tierischen Leim das bedruckte Papier geklebt.

Der Oberflächenschmutz ließ sich in einem Heißwasserbad von dem abgelösten Papier entfernen, das Papier erschien allerdings nach der Behandlung in einem optisch sehr unschönen Grauton. Eine leichte Bleichung wäre hier möglich gewesen, aber man entschied sich, die Papierteile durch gute Kopien zu ersetzen.

Darüber, dass die Originalsegmente keine Wiederverwendung finden sollten, herrschte schnell Einigkeit, aber wie die Alternative aussehen sollte, darüber war man sich lange im Unklaren.

Zunächst wurde überlegt, die Oberfläche eines noch intakten Globus in kleinen Quadraten abzufotografieren und die auf dünnem Fotopapier abgezogenen Fotos auf die Heidelberger Kugel zu kleben. Das Plantin-Moretus Museum in Antwerpen

[24] Der Horizontring enthält verschiedene konzentrische Kreise mit Angaben zu Tierkreiszeichen, Tagen und Monaten, kirchlichen Feiertagen, sowie Wind- und Kompasszeichen. Oft ist auch ein Kompass auf dem Ring angebracht, der aber bei dem Heidelberger Globus nicht mehr vorhanden ist.

stellte vorhandene Fotos ihres Globus zur Verfügung, aber diese Aufnahmen waren nicht maßstabsgetreu und an den Rändern unscharf. Die gebogene Oberfläche einer Globuskugel machte es unmöglich, scharfe und maßstabsgetreue Fotos zu erhalten. Daher war es ein Glücksfall, dass die Internationale Coronelli-Gesellschaft für Globen- und Instrumentenkunde, mit der schon zuvor Kontakt hergestellt worden war, zu ihrer unregelmäßig stattfindenden Tagung im Oktober 1998 nach Berlin einlud.

Für die Heidelberger Belange war ein Vortrag über die „Projektion von Globusoberflächen in die Ebene mit Hilfe der digitalen Photogrammetrie“ von besonderem Interesse. Hier schien sich jetzt eine Möglichkeit aufzutun, dem Problem zu begegnen.

Die Firma *focus GmbH* in Leipzig entwickelte in den letzten Jahren in Zusammenarbeit mit dem Fachbereich Photogrammetrie der Technischen Universität Berlin ein Programmsystem zur digitalen Bildentzerrung und -abwicklung. Ziel des Projektes war die Verebnung eines Globus mit photogrammetrischen Methoden, um kartographische Vergleiche der Darstellungsformen verschiedener Globen anstellen zu können.

Die Globenoberfläche wird hierzu mit einer herkömmlichen Fachkamera (100 ASA Farbnegativfilm) abfotografiert und die Bilder werden digitalisiert. Mit Hilfe verschiedener Referenzinformationen (Kugeldurchmesser, Abstand der Längen- und Breitengrade, o.ä.) werden mathematisch-geometrische Berechnungen durchgeführt, um den Abbildungsprozess (Verzerrung) umzukehren. Die in Berlin vorgestellten Beispiele beeindruckten durch ihre Schärfe und Passgenauigkeit. Um neue Segmente für den Heidelberger Globus zu erhalten, musste allerdings nicht nur eine Entzerrung stattfinden, sondern die entzerrten Segmente würden anschließend einer für die Heidelberger Kugel genau passenden Verzerrung bedürfen. Hierbei hätte dann auch die Firma *focus GmbH* Neuland betreten. Um die genauen Maße der Kugel zu erhalten, wurde die Kugel am Physikalischen Institut der Universität Heidelberg exakt vermessen, damit geeignete Referenzinformationen zur Verfügung standen.

Für die benötigte abzufotografierende Vorlage ergab sich eine glückliche Fügung: Der kluge Kurfürst Karl Theodor hat in weiser Voraussicht direkt zwei Globenpaare in Frankreich in Auftrag gegeben und das eine Paar befindet sich heute im Landesmuseum für Technik und Arbeit in Mannheim, also quasi direkt vor der Haustür.[25] Die notwendigen fotografischen Aufnahmen hätten demnach vor Ort durchgeführt werden können, ehe in Leipzig die weiteren Schritte unternommen worden wären. Aufgrund der Kosten für dieses Verfahren musste man jedoch von diesem Vorhaben Abstand nehmen.

Eine andere Idee bestand darin, noch intakte Druckbögen der Segmente eines 18-Inch-Globus ausfindig zu machen, die man maßstabsgetreu abfotografieren oder einscannen könnte, um für den Heidelberger Globus neue Papiersegmente zu erhalten. Anfragen bei verschiedenen Archiven und Bibliotheken hauptsächlich in Frankreich blieben jedoch erfolglos. Angeschrieben wurden u.a. die *Bibliotheque*

---

[25] Siehe den Beitrag „Paris, Mannheim, Heidelberg: Der Weg zweier Globenpaare durch die Kurpfalz“ in diesem Band.

Nationale in Paris, das *Musée de la Marine* in Paris, das *Observatoire de Paris*, die *Staatsbibliothek Preußischer Kulturbesitz* in Berlin, sowie die *Musées d'Art et d'Histoire de Troyes*.

So blieb man etwas in den Überlegungen stecken, bis die Kanzlerin der Universität Heidelberg, Romana Gräfin vom Hagen, bei der Präsentation des inzwischen restaurierten Globusgestells vor dem „Kreis der *61*" auf das Heidelberger *Interdisziplinäre Zentrum für Wissenschaftliches Rechnen* (IWR) aufmerksam machte, wo man sich in der Arbeitsgruppe von Professor Willi Jäger schon mit der rechnerischen Rekonstruktion von Kunstwerken und Architekturteilen beschäftigt habe. Bei den ersten Gesprächen mit Willi Jäger vor der bloßen Kugel und den losen Segmenten entwickelte sich jetzt die Idee, die Mannheimer Kugel mit einem gleichbleibendem Abstand detailliert komplett zu fotografieren.[26] Die Fotos ließen sich dann scannen und mittels Computer-Programmen zu Segmenten mit passender Verzerrung zusammensetzen. Dieser Umweg über die Fotografie macht einerseits die Entzerrung aus der fotogrammetrischen Aufnahme und die Verzerrung zur Herstellung passgenauer Segmente nötig.

Nach weiteren Überlegungen und Diskussionen entstand der Plan, die Originalsegmente des Heidelberger Globus direkt zu scannen, mittels Bildbearbeitungsprogrammen zu ‚reinigen' und auf speziellem Papier auszudrucken. Die Umsetzung dieses so einfach klingenden Gedankens beschreibt Susanne Krömker detailliert in ihrem Beitrag „Map Projection versus Image Processing – the Role of Mathematics in the Restauration Process".

Diese Vorgehensweise hat den großen Vorteil, dass – entgegen allen anderen angedachten Methoden – auf die Heidelberger Kugel auch wieder die Heidelberger Kartenteile als faksimilierte Segmente aufgeklebt werden konnten. Zudem hatte man die exakten Formen der Segmente, was ein Aufkleben sehr erleichtern sollte.

Intensive Diskussionen ergaben sich auch noch bei der Frage nach der Behandlung der Fehlstellen auf dem Faksimile. Vier Möglichkeiten standen zur Debatte:

- Ausfüllen der Fehlstellen anhand von Fotos des Mannheimer Exemplars
- Nur Rekonstruktion der Längen- und Breitengradlinien
- Fehlstellen bleiben als *weiße Fläche* stehen
- Fehlstellen werden grau eingefärbt

Man entschied sich schließlich einstimmig für die letzte Möglichkeit; das Zustands- und Schadensbild der Heidelberger Globusoberfläche wird so dokumentiert, wobei die Einfärbung so leicht ausfallen soll, dass die Fehlstellen nicht unangenehm ins Auge fallen. Es muss aber auch gesagt werden, dass auf der faksimilierten Oberfläche die handschriftlichen Nachzeichnungen nicht mehr von den gedruckten Linien unterschieden werden können; dies ist nur auf den Originalsegmenten möglich, die separat aufbewahrt werden. Da aber der Globus in der Universitätsbibliothek in erster Linie Schauobjekt und Beispiel für ein ungewöhnliches Bibliotheksgut ist, haben wir diesen Nachteil gerne in Kauf genommen.

---

[26] SCHMIDT (1991).

Abb. 4.9. Südhalbkugel (Kugelabguss) mit zu stark getönten Fehlstellen

Die digital gereinigten Ergebnisse sollten auf ein nach historischen Verfahren heute hergestelltes Papier gedruckt werden. Verwendet wurde ein naturfarbenes handgeschöpftes Hadernpapier ohne Laufrichtung (Fa. Anton Glaser, Stuttgart; Restaurierpapier No. 2061) mit einem Flächengewicht von 120g/m^2. Da von diesem Papier nicht bekannt war, wie es sich im feuchten Zustand auf der gekrümmten Kugeloberfläche verhält, mussten mehrere Klebeversuche unternommen werden. Um diese Versuche nicht am Original vornehmen zu müssen, nahmen wir eine Abformung von der Kugel und erstellten einen Abguss aus Gips, mit dem weiter gearbeitet werden konnte.

Schließlich wurde ein erster Satz digital gereinigter Segmente auf das handgeschöpfte Hadernpapier mit dem Laserdrucker am IWR ausgedruckt und auf die eigens angefertigte Probekugel geklebt. Die verwendete Druckfarbe war jedoch nicht ausreichend wasser- und abriebfest, so dass sie beim Aufkleben verwischte. Außerdem dehnte sich das Papier durch den Kleister so stark, dass das letzte Segment etwa

Abb. 4.10. Durch Dehnung des Papiers überlappen die Segmente nach der ersten Probeklebung

drei Zentimeter auf das erste Segment überlappte (Abb. 4.10). Daraufhin mussten die Abmessungen der zu druckenden Datensätze an die Dehnungseigenschaften des Papiers beim wässrigen Leimen angepasst werden. Es folgte dann ein zweiter Ausdruck und eine erneute Klebung, die schon wesentlich zufriedenstellender ausfiel; allerdings sträubte sich das Papier weiterhin dagegen, der Krümmung der Kugeloberfläche zu folgen; es legte sich in Falten, die z.T. sehr ausgeprägt waren. Zudem traten die einheitlich grau getönten Fehlstellen zu stark in den Vordergrund und lenkten das Auge des Betrachters ab (Abb. 4.9). Die Tönung der Fehlstellen wurde daraufhin noch weiter zurückgenommen.

Von verschiedenen Seiten wurde auch der Wunsch geäußert, die Kugeloberfläche zu kolorieren und der Farbigkeit des Gestells anzupassen. Auf den Originalsegmenten waren keine Spuren einer ursprünglichen Kolorierung oder Einfärbung zu finden. Es gibt zwar durchaus Stellen, die heller oder dunkler erscheinen (z.B. Seen/Meere, Gebirgszüge), aber eine einheitliche Systematik war nicht auszumachen. Die Kolorierung hätte also rein willkürlich erfolgen müssen. Eine Probekolorierung auf der Musterkugel – nur in einem beige-braunen Farbton – wirkte dermaßen aufgesetzt, dass von einer Kolorierung der Kugel Abstand genommen wurde (siehe Abb. 4.11).

Abb. 4.11. Probekolorierung auf dem Kugelabguss

Nach mehrfachen Probeklebungen waren die 28 einzelnen Dateien (und weitere acht Teile des Horizontrings) hinreichend aufbereitet, um auf CD-ROM gebrannt und von einer Nürnberger Druckerei[27] im Digitaldruckverfahren – der neuesten Errungenschaft im Druckbereich – licht- und alterungsbeständig, wasserfest und abriebfrei auf das von uns gewählte Papier gedruckt zu werden. Da der Druck direkt vom Datenträger erfolgt, entfallen die Kosten für Sieb- oder Offsetvorlage und es kann exakt für den Bedarf einer kleinen Auflage gedruckt werden. Zunächst fertigte

[27] Werkstatt für grafische Informationsverarbeitung Nürnberg GmbH: *infowerk nürnberg.*

man wieder einen Probedruck an, um die gewünschte Qualität von Abriebfestigkeit, Konturenschärfe und Passgenauigkeit zu überprüfen; da beim Druck die Laufrichtung des Papiers nicht beachtet worden war, stimmte die Passgenauigkeit bei diesem Probedruck absolut nicht.

Das endgültige Kleben der einzelnen Segmente auf die Kugel ließ sich nur mit zwei Personen bewerkstelligen: Eine feuchtete die Segmente und bestrich sie rückseitig mit Weizenstärkekleister, während die andere die eingekleisterten Segmente auf die Kugel aufbrachte, dort positionierte und an das nebenliegende Segment anpasste. Diese Arbeit musste Hand in Hand ablaufen, da sich nur die feuchten Segmente noch auf der Kugel etwas verschieben ließen. Damit die Kreideschicht der Kugel nicht sofort alle Feuchtigkeit des Kleisters aufsog und damit ein Verschieben und Positionieren der einzelnen Segmente unmöglich machte, wurde die Kugel zuvor mit einer 1,5%igen Klucel G-Lösung bestrichen.[28]

Nachdem alle Segmente auf die Kugel übertragen und getrocknet waren, wurde ein leicht getönter Firnis aufgestrichen, um der Kugel ein wenig künstliche Patina zu verleihen. Gleichzeitig bietet er einen Schutz vor Staub, wenn der Globus einmal nicht – wie in der derzeitigen Ausstellung – durch eine Glasvitrine geschützt wird.

4.3.3 Das Untergestell

Getragen wird die Erdkugel von einem 97 cm hohen Holzgestell mit polychromer Fassung. Die vorherrschende Farbe ist Grün, das in verschiedenen Abstufungen auftritt. Darüber scheint noch ein gegilbter Überzug unregelmäßig aufgetragen worden zu sein[29]; eventuell wurde dieser Firnis aber auch schon beim Auftragen bewusst leicht getönt, um bestimmte Farbwirkungen zu erreichen.

Das Gestell baut sich aus drei S-förmig geschwungenen Beinen auf, die nach unten hin in sich schneckenförmig zusammenrollende Blattornamente, sogenannten „Voluten", auslaufen (Abb. 4.12) und an den Standflächen auf Löwentatzen gesetzt sind. In die Unterseite der Standfläche wurden kleine Metallrollen eingelassen, die ein Drehen und Fahren des Globus möglich machen.

Oberhalb der Voluten sind die Beine durch floral verzierte Streben miteinander verbunden; eine dieser Streben trägt das geschnitzte kurfürstliche Wappen. Weiter nach oben hin verjüngen sich die Beine und laufen wiederum in kleineren Voluten aus, die auf der Außenseite mit Akanthusblättern verziert sind. Unterhalb dieser kleinen Voluten sind die Beine durch geschnitzte Blumengirlanden miteinander verbunden.

Den oberen Teil des Gestells bildet ein halbrund geformter Aufsatz, in den die Kugel eingesetzt wird. Analog zu den Beinen laufen hier drei bogenförmige, geschwungene, profilierte Streben in einer mit einem Sonnenornament verzierten Platte zusammen. An ihren Außenseiten befindet sich mittig je ein Muschelornament [= Rocaille] (Abb. 4.13).

---

[28] Klucel G ist eine nicht vergilbende Hydroxypropylcellulose, die in Alkohol (Ethanol, Isopropanol) löslich ist (Vertrieb: Kremer Pigmente).

[29] Vgl. hierzu: Landesmuseum für Technik und Arbeit, Mannheim: Restaurierungsbericht zur Inv.-Nr. 83/046-079, 1987/88.

Abb. 4.12. Gestell des Erdglobus vor der Restaurierung

An den Enden der bogenförmigen Arme sitzt abschließend ein profilierter Reif, auf dem der oktaedrische Horizontring befestigt ist; er besteht aus zwei übereinanderliegenden Teilen zu je vier miteinander verzapften Segmenten und einer halbrunden Profilleiste, die das Oktagon umrahmt (siehe Abb. 4.12). Fixiert wird der Horizontring mit zwei angeschraubten Messingplättchen (das dritte Plättchen fehlt), die unter den Gestellring greifen. Zwei Einkerbungen in diesem Horizontring bilden die horizontale Befestigung für den Meridianring aus Messing. Die untere Befestigung und Führungsachse des Meridianringes besteht ebenfalls aus Messing und ist in das Sonnenornament eingesetzt. Auf das Oktagon sind die bedruckten Kupferstichsegmente (Papier) des Horizontringes mit Hautleim aufgeklebt (siehe Abschnitt 4.3.2).

Abb. 4.13. Rocaille und Blumengirlande vor der Restaurierung

Die schnitzerisch sehr aufwendige Arbeit findet ihr Pendant in der Farbgestaltung des Gestells. Die Grundfarbigkeit besteht wie schon erwähnt aus einem hellen Blaugrün, das heute durch den darüberliegendem Firnis gelblicher wirkt. Sämtliche Profilleisten, Blattornamente, Voluten und Rocaillen sowie die Löwentatzen sind goldfarben gestaltet. Die Pracht steigert sich in der Farbenheraldik des Wappenschildes und den bunten Blüten der Blumengirlande, deren Blütenblätter in Blau, Rot und Braun teils lasierend gestaltet sind.

Ein Vergleich mit zwei der noch bekannten Vaugondy-Globen (Troyes und Mannheim) zeigt eine einfachere schnitzerische Gestaltung, jedoch eine ähnliche grüne Grundfarbigkeit.

Technologische Untersuchungen[30]

Das Gestell des Globus ist aus mehreren einzelnen Holzsegmenten zusammengesetzt, die hauptsächlich über Zapfen- und verdübelte Schlitzverbindungen zusammengehalten werden. Einzelne Teile sind aufgenagelt oder angeleimt.

Als Holzarten kam für das Gestell Eichenholz zur Verwendung, der oktaedrische Horizontring wurde aus Lindenholz gefertigt.

Bei der Betrachtung unter dem Mikroskop zeigt sich folgender Aufbau der Fassung:

Analog zum maltechnischen Aufbau einer Skulptur weist das Gestell als unterste Schicht zunächst eine weiße Grundierung auf, bei der es sich laut Analyse[31] um

[30] Die folgenden Angaben stammen hauptsächlich aus: Gruppe für Konservierung und Restaurierung von Gemälden, Skulpturen, Möbeln und Holzobjekten, Köln: „Konservierungs- und Restaurierungsdokumentation Nr. 95-004-D, Vaugondy-Erdglobus, Gestell".

[31] Alle naturwissenschaftlichen Analysen der entnommenen Proben wurden im Labor Prof. E. Jägers, Bornheim, durchgeführt.

Kreide (Calciumcarbonat) und Bleiweiß (basisches Bleicarbonat) in einem protein- und öl(?)haltigen Bindemittel handelt.

Auf dieser Grundierung ist ein helles Grün aufgetragen, das den größten Teil des Gestells farblich bestimmt. Soweit an den Ausbruchstellen erkennbar ist, liegt das Grün auch unter fast allen anderen Farbpartien, allerdings nur in Form von Überschneidungen. Das heißt, dass das Grün nicht flächig auf die gesamte Oberfläche aufgetragen wurde, sondern am Übergang zu farblich anders gestalteten Flächen nicht sauber beschnitten ist. Als Pigmente für das Grün wurde ein künstliches Kupfergrün und Bleiweiß in einem überwiegend öligen Bindemittel festgestellt.

Für die übrigen farbig gestalteten Bereiche (Blumengirlanden, Wappenkartusche) ergaben die Analysen folgende Ergebnisse:

Das Rot besteht aus einem nahezu unvermischten Zinnober (Quecksilbersulfid), das Braun wurde aus einer Mischung aus Kohlenstoffschwarz und Zinnober hergestellt. Interessant ist besonders das Blau; hier ergab die Analyse ein feinvermahlenes Berliner Blau. Berliner Blau wurde erst in den dreißiger Jahren des 18. Jahrhunderts entwickelt, und da man davon ausgehen muss, dass es einige Jahre dauerte, bis sich eine Entdeckung auf dem Markt verbreitet, so ist die Verwendung dieses Pigmentes am Globus ein Zeichen für die Fortschrittlichkeit der Werkstatt de Vaugondys.

Ähnlich fortschrittlich ist die Materialwahl bei den vergoldeten Partien zu sehen. Die Analysen weisen hier eine Streichbronze aus einer Kupfer-Zink-Legierung in einem Öl/Harz-Bindemittel nach; aus heutiger Sicht wohl eine billigere Art der Vergoldung. Allerdings wurde gerade in dieser Epoche der vielfältigsten Materialimitationen es nicht geringwertiger geschätzt, eine kostengünstigere Materialart zu wählen, da es nicht (nur) um den Wert des Materials ging, sondern um die optische Imitation eines Stoffes oder einer Oberfläche. Hierfür wurden unterschiedlichste Techniken und Materialien erprobt und verwendet, die teilweise sehr aufwändig waren und somit nicht geringer einzuschätzen sind als Techniken mit teureren Materialien.

Allein in der Wappenkartusche findet sich Edelmetall in den versilberten und vergoldeten Partien. Die Betrachtung unter dem Mikroskop zeigt hier, dass es sich um Blattgold und Blattsilber auf einem Anlegeöl (sog. Ölvergoldung bzw. -versilberung) handelt. Auch dieser Befund spricht daher für die Vermutung, dass die Wappenkartusche erst zu einem späteren Zeitpunkt, wahrscheinlich nach Eintreffen des Globus in Mannheim entstanden ist (siehe den Beitrag von Carl Ludwig Fuchs, Abschnitt 3.1).

Als Oberflächenschutz liegt auf der gesamten Fläche ein bläulich-grün fluoreszierender Überzug, der laut Analyse aus einer Mischung aus Sanderack, Schellack und Kopal besteht.[32] Aufgrund seiner natürlichen Alterung ist der Überzug heute vergilbt und lässt so auch das Grün gelblicher wirken, als es ursprünglich erschien.

---

[32] Diese Mischung verschiedener Harze wird in maltechnischen Quellen als „Französische Politur" bezeichnet.

Zustandsbeschreibung und Restaurierungsmaßnahmen

Durch die ungünstigen klimatischen Aufbewahrungsbedingungen, denen der Globus über einen längeren Zeitraum hinweg ausgesetzt war, zeigten sich entsprechende Schadensbilder: Neben der starken Verschmutzung fanden sich zahlreiche abgebrochene Holzteile (z.T. mit kleinen Nägeln wieder am Gestell befestigt), geöffnete Leimfugen und Verbindungen.

Abb. 4.14. Gestell unten: Risse in der Fassung bis auf das Holz, Zustand vor der Restaurierung

Diese Schäden am Träger fanden ihre Entsprechung auch in der Fassung. Durch die mechanischen Reaktionen des Holzes auf die Klimaschwankungen war die Fassung – meist parallel zur Holzmaserung – vielfach aufgerissen, stark kraquelliert und z.T. auch abgesprungen und abgeschabt, so dass die hellgrüne Grundierung und die Holzoberfläche zum Vorschein traten (Abb. 4.14). Besonders an den hervortretenden Stellen (Blätter, Füße, usw.) waren die Farbschichten hiervon großflächig betroffen (Abb. 4.15). Die sich vom Untergrund ablösende Farbschicht stand in vielen Bereichen schuppenförmig hoch.

Dass sich an dem drehbaren Horizontring fast keine Bronze mehr finden ließ, ist jedoch kein klimatisch bedingter Schaden, sondern muss als eine natürliche Abnutzungserscheinung gewertet werden.

Die starke Nachdunkelung der Bronze beruht jedoch auf natürlicher Alterung. Durch Oxidationsprozesse neigen unedle Metalle dazu, im Laufe der Zeit dunkel „anzulaufen“. Da die Bronze am Gestell in Lack gebunden wurde und kein zusätzlicher Überzug erfolgte, waren die Metallpartikel der Luft ausgesetzt und haben sich dadurch teilweise braunschwarz verfärbt/oxidiert. Neben diesen dunkleren Verfärbungen finden sich auch grünlich oxidierte Bereiche, wie sie für Schlagme-

Abb. 4.15. Verlust der Fassung und Verfärbungen am Löwenfuß des Gestells

tallauflagen durchaus üblich sind. Demgegenüber weist die Silberauflage auf der Wappenkartusche aufgrund ihres Überzuges keine Verfärbung auf.

Der durch Alterungsprozesse mittlerweile vergilbte Überzug lässt die Farben in einem gelblicheren und wärmeren Ton erscheinen. Durch seinen ungleichmäßigen dicken Auftrag kommt es zu einer gewissen Fleckigkeit in der Oberfläche.

Ein Erscheinungsbild, dessen Ursache nicht eindeutig geklärt werden konnte, fand sich in einigen grünen Bereichen, in denen sich dunkelgrüne Flecken zeigten, die den Eindruck einer Ansammlung von grobkörnigen farbintensiven Partikeln erwecken. Laut der Analyse von Elisabeth Jägers handelt es sich hierbei jedoch um eine Veränderung in der Firnisschicht (evtl. Bindemittelkrepierung), die zu dieser optischen Veränderung geführt hat.

Nach diesen Schadenserhebungen ist als positiver Aspekt noch besonders hervorzuheben, dass am Globusgestell keine Restaurierungsmaßnahmen festzustellen waren, wie z.B. alte Kittungen, Retuschen oder Übermalungen. Dies ist bei einem Objekt diesen Alters ausgesprochen selten. Da bei den meisten Kunstwerken die Überzüge oder Firnisse häufig entfernt und erneuert wurden, ist es sehr erfreulich, dass am Globus noch der Originalfirnis vorliegt.

Dieser Aspekt sollte auch bei den durchzuführenden Restaurierungsmaßnahmen berücksichtigt werden. Es standen dabei zwei Grundkonzepte zur Diskussion:

1. Eine rein konservatorische Bearbeitung, die die vorhandene Substanz darstellt und ihren Zustand mit den dazugehörigen Alterungserscheinungen und Schäden/Verlusten zeigt.

Abb. 4.16. Kreidegrundierung und Kittungen während der Restaurierungsarbeiten

2. Eine weitergehende Restaurierung, bei der u.a. die Oberfläche geschlossen wird und somit ein zusammenhängendes Erscheinungsbild erzielt wird.

Weiterführend zum zweiten Punkt stellte sich die Frage, inwieweit auch die beiden fehlenden Blumengirlanden und weitere kleinere Ausbrüche zu ergänzen seien, damit der Prachtglobus später wieder von allen Seiten vollständig erscheint. Die Ergänzung der beiden Girlanden fällt schon in den Bereich der Rekonstruktion und bedeutet einen großen Eingriff für das Objekt. Andererseits führt die Ergänzung nur der ‚unproblematischen' kleineren Ausbrüche für den Betrachter zu der irrigen Annahme, dass der Globus sich in einem guten und – mit Ausnahme der beiden Girlanden – vollständigen Zustand befinde. Daher war zu wählen zwischen einer reinen

Konservierung oder einer restauratorischen Maßnahme, die auch Rekonstruktion und Ergänzung aller Fehlstellen im schnitzerischen und maltechnischen Bereich mit einschließt. Da aber auch bei der Kugel aufgrund des sehr schlechten Zustandes der Papiersegmente auf eine Rekonstruktion zurückgegriffen werden sollte, um den Globus überhaupt als Globus wieder ausstellen zu können, entschied man sich, auch beim Gestell eine weitergehende Restaurierung zu veranlassen.

Entsprechend der oben genannten Schäden wurden die folgenden Maßnahmen durchgeführt, wobei darauf geachtet wurde, dass abgesehen von den rekonstruierten Teilen keine verändernden Eingriffe in die Originalsubstanz vorgenommen wurden.

Gelöste oder gebrochene Teile wurden mit Glutinleim wieder verleimt, größere abgebrochene und verlorengegangene Teile wurden ergänzt und angepasst. Kleine Fehlstellen wurden belassen, da der Aufwand nicht im Verhältnis zur optischen Beeinträchtigung steht.

Beim Anfügen der beiden rekonstruierten Blumengirlanden wurden die Kontaktbereiche der originalen Stellen nicht verändert, die Ergänzungen wurden an die Abbruchflächen angepasst. Die Anschlussfugen wurden nicht verkittet, um die Ergänzungen ablesbar zu machen (Abb. 4.16).

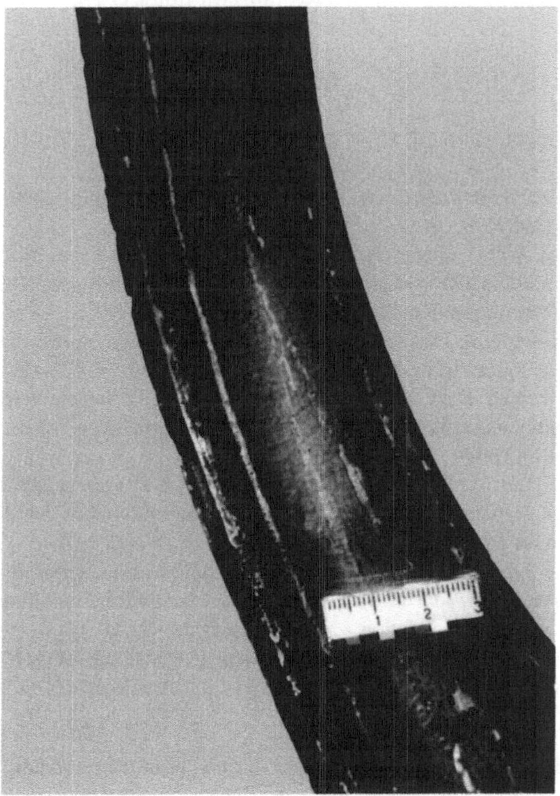

Abb. 4.17. Gereinigtes Fassungsfeld am oberen Trägerarm

Die gelockerten Malschichten wurden mit Störleim gesichert und aufstehende Schollen niedergelegt. Die anschließende Oberflächenreinigung erfolgte an den Farbflächen mit einer wässrigen Reinigungslösung (Abb. 4.17). Der originale Firnis wurde belassen.

Der auf den bronzierten Bereichen liegende Firnis ließ sich nur mit einer zweiprozentigen Salmiaklösung dünnen, so dass die oberflächlich dunklen Verfärbungen weitgehend reduziert werden konnten. Die grünen Verfärbungen ließen sich nicht rückgängig machen (Abb. 3.4; vgl. Abb. 4.15).

Alle Fehlstellen in der Malschicht, die bis auf den hölzernen Träger reichten, sowie flache Ausbrüche, wurden mit einem Leimkreidegrund geschlossen und mit Aquarellfarbe retuschiert. Die Risse im Firnis wurden belassen. Abschließend wurde über die gesamte Fläche ein dünner Kunstharzfilm (Paraloid B 72)[33] aufgebracht, der den Bronzepartien als Schutz vor neuer Oxidation dient und an den Farbflächen zur Glanzanpassung an die originale Substanz und für entsprechendes Tiefenlicht dient.

Alle ergänzten Bereiche wurden ebenfalls mit Leimkreidegrund grundiert und anschließend mit Gouache- und Aquarellfarben neu gefasst. Sie sind bei näherer Betrachtung aufgrund ihrer glatten Oberfläche und des fehlenden Alterskraqueles erkennbar. Außerdem sind sie für den Restaurator unter UV-Licht sofort identifizierbar.

Literatur

[BANIK (1984)] Banik, Gerhard; Krist, Gabriela: Lösungsmittel in der Restaurierung. Wien 1984.

[BAYNES-COPE (1987)] Baynes-Cope, A.D.: Problems in Re-shaping globes. In: Der Globusfreund 35/37 (1987), S. 33–37.

[DANNEHL (1997)] Weber, Gisela (Hrsg.): Ordnung und System: Festschrift zum 60. Geburtstag von Hermann Josef Dörpinghaus. VCH-Verlag, Weinheim (u.a.) 1997. Hier: Dannehl, Jens: Ein Globus für den Kurfürsten Karl-Theodor, S. 307–335.

[DIDEROT (1784)] Diderot, Denis; D'Alembert, Jean L.: Encyclopédie méthodique. Arts et Metiers méchaniques. Tome Troisieme. Paris, Liege 1784. S. 227–234.

[JÄCKEL (1981)] Jäckel, Karl: Alte Techniken des Buchbinderhandwerks in der modernen Schriftgutrestaurierung. Teil 6: Herstellen von Globuskugeln. In: Bibliotheksforum Bayern 9 (1981), Heft 1, S. 262–269.

[KLASZ (1994)] Klasz, Markus: Restaurierung eines 18 Zoll Himmelsglobus von Robert de Vaugondy aus dem Jahr 1790. Diplomarbeit an der Akademie der Bildenden Künste, Meisterschule für Restaurierung und Konservierung, Wien 1994.

[LEYSHON (1988)] Leyshon, Kim-Elisabeth: The restauration of a pair of Senex globes. In: The paper conservator. Journal of the IIC-UKG (International Institute for conservation, United Kingdom group). London 12 (1988), S. D110–D118.

[LINGBEEK (1993)] Lingbeek, Nico: Die Restaurierung eines Erdglobus. Vortrag an der Fachhochschule Köln, Fachbereich Konservierung und Restaurierung von Schriftgut, Graphik und Buchmalerei. Juni 1993.

---

[33] Man entschied sich für dieses Acrylat, da es sehr alterungsbeständig ist und in seiner Löslichkeit nicht im Bereich der Löslichkeit des originalen Überzuges liegt. Daher kann er abgenommen werden, ohne den Originalfirnis anzulösen.

[SCHMIDT (1991)] Schmidt, Rudolf: Eine Vorrichtung für das Photographieren von Globen. In: Information der Internationalen Coronelli-Gesellschaft. Heft 17/1991, S. 7–10.

[SCHRAMM (1989)] Schramm, Hans-Peter; Hering, Bernd: Historische Malmaterialien und ihre Identifizierung. VEB Berlin 1989.

[WÄCHTER (1960)] Wächter, Otto: Die Instandsetzung von Globen. In: Der Globusfreund 9 (1960), S. 37–42.

[ZIMMER (1968)] Zimmer: Bericht über den Bestand an Gemälden etc. auf dem Dachboden der Universitätsbibliothek Heidelberg. 30. Juli 1968. In: Akten UB, 2.27.

5

Map Projection versus Image Processing – the Role of Mathematics in the Restoration Process

Susanne Krömker and Willi Jäger

Interdisziplinäres Zentrum für Wissenschaftliches Rechnen der Universität Heidelberg, Im Neuenheimer Feld 368, 69120 Heidelberg, Germany
kroemker@iwr.uni-heidelberg.de, jaeger@iwr.uni-heidelberg.de

5.1 Globes and Maps

Any thought of man starts with making up a model that is a representation of a part of the real world in his brain. The properties of a good model are always connected with its purposes. Most often the model is much smaller in size than the part of the real world, second it carries only the main features, and finally it serves as a means of transporting ideas of the subject to others. This is of course appropriate for the earth itself, and as the idea of a sphere was widely accepted, building globes became an active business. The powerful and rulers of their countries had a certain interest in administrating their area and finding paths to new discoveries. They needed maps of their land and the sea. The globe merely served as a symbol for their mighty position, for their knowledge of the world, and for claiming their overseas territories.

In the beginning of modern times the newly developed natural sciences were used to make maps of great accuracy, models of the area which could not be looked over. Maps that served for navigating at sea had to fulfill other requirements than those for the cultivating of land. Knowing that the earth is a sphere rose the question of projection methods used for mapping the surface area of a sphere onto the plane. One would think this is not a problem when dealing with globes. But the bases for the maps on the globes were planar, and especially in our case there were engravings on copperplates. Therefore we are going to make some remarks on projection methods. When preparing the facsimiles for restoration purposes, we had to deal with the same difficulties as the makers of the historical globe. Although nowadays we have more and quite sophisticated techniques at hand, there are some principles to be obeyed still.

5.2 Historical Development

Today we do have pictures of the entire earth taken from space crafts, and we are even able to use the space to make measurements of the earth. This was not true for pre 18th times. Cartography was always strongly influenced by astronomy, and globes were usually delivered in pairs, a terrestrial and a celestial globe. This was also true for the globe ordered by Karl Theodor, but unfortunately the celestial globe was lost.

Let us concentrate on the knowledge available until 1751, when the globe of Didier Robert de Vaugondy was produced. By that time it was well accepted that the earth is round. The challenge of any world map is to represent a round earth on a flat surface. Hundreds of projections have been developed to solve the problem of representing the spherical earth on a flat map in the best manner. Each has certain strengths and corresponding weaknesses. Choosing among them is an exercise in deciding what's important to the user. That is generally determined by the way one intends to use the map.

Marinus of Tyre at about 100 AD invented a equirectangular projection which is among the oldest projections and simplest. Parallels are equally spaced. It has a plate carree-square grid. It was quite popular during the Renaissance, but declined in popularity in the 18th century. It was mostly used for regional maps.

Claudius Ptolemy (about 85–165 AD), although he made no reference to a cone, introduced two projections with concentric, circular arcs for parallels of latitude (like conics) but with meridians that are broken straight lines or circular arcs. Born in Greece, Ptolemy was an active scholar from 127–151 AD in Alexandria. Among his major works is the famous *Almagest* (from the Arabic translation *the greatest*). It comprises thirteen books on Mathematics and Astronomy. He therein already used 360 degrees to divide a circle and subdivides a degree into minutes (partes minutae primae) and seconds (partes minutae secundae). In Ptolemy's *Explicatio geographica* in eight books he included a gazeteer of about 8,000 known places with latitude and longitude. It contained a practical treatise on world mapping, and a world map based on Eratosthenes of Cyrene (276–196 BC).[1] He rejected Eratosthenes' estimate of the size of earth (which was remarkably close to the real size) and used instead Poseidonius', which was three quarters of the actual size. He also rejected a sun centered model of the universe, suggested by Aristarchus of Samos (320–250 BC) who measured the relative distances of the moon and sun from the earth, using the fact that exactly half of the moon is in shade when the angle subtended at the earth by sun and moon is a right angle. He concluded that the sun is much bigger than the earth, and therefore the earth must circle the sun, not vice versa.[2] Ptolemy instead assumed the earth to be in the center with the sun and moon and planets moving in circles around the earth. Due to his support, the long-standing earth-centered universe was retained until Nicolaus Copernicus (1473–1543) and later Galileo Galilei (1564–1642) presented the idea of the sun-centered solar system.

However, Ptolemy assumed the *known world* (ecumene, *greek for:* inhabited space) stretched 180 degrees of longitude and supported corrections of scale distortions in other maps, i.e. introduced map projections. Ptolemy's parallels used length of day variations of a quarter of an hour on the longest day (summer solstice). The first parallel was located at 4° 15′ N, the tenth at 36° N, and at the 21st parallel is

---

[1] See for example LUMPE (1994), col. 1045–1049.

[2] See HEATH (1996).

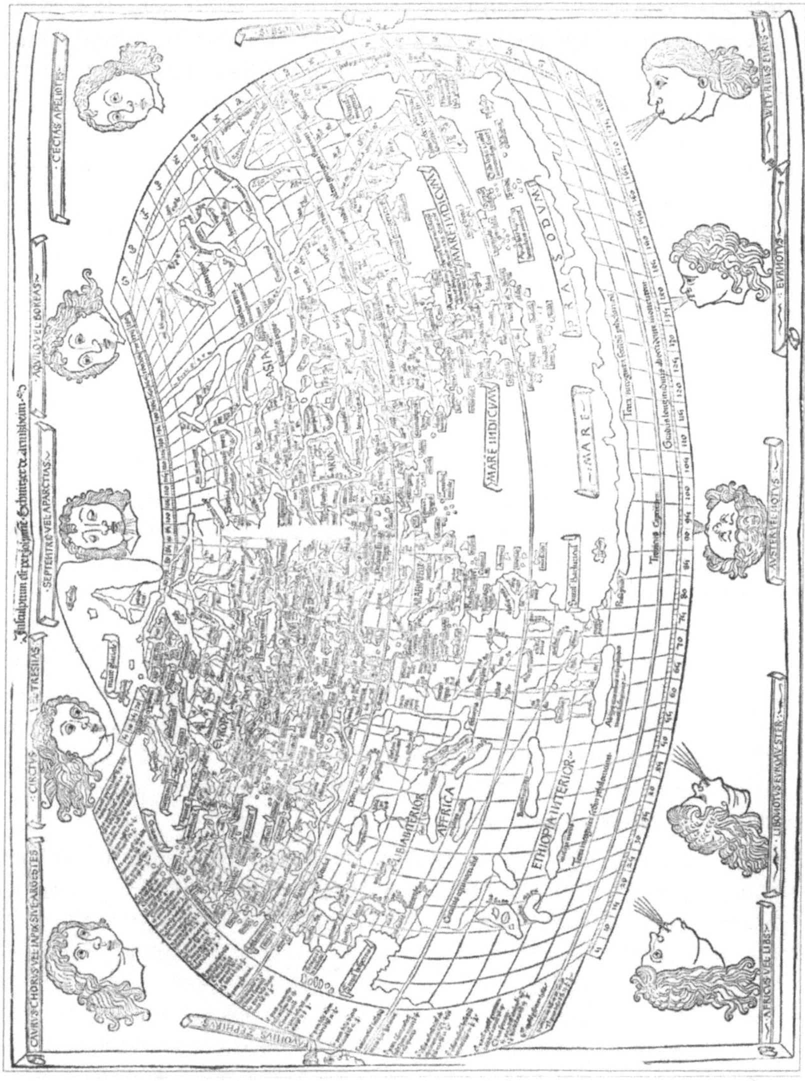

Fig. 5.1. World map from Ptolemy, Cosmographia. Ulm: Lienhart Holle, 1482. Courtesy of James Ford Bell Library, University of Minnesota

Thule, believed to be the most northerly region in the world, somewhere to the north of Britain. His meridians used one-third of an equinoctial hour (that is five degrees) of longitude, i.e. 36 meridians for 180 degrees. Ptolemy placed the zero meridian through the canary island El Hierro and declared it to be the 'edge of the known world'. Not earlier than 1883 was it replaced by the Greenwich Meridian.

The ideas of the Greeks and Ptolemy are preserved in Arabic translation, since in the Arabic world science was vivid and prosperous during the time of decline of the

Western Roman Empire. Eventually, due to trade and contacts, these works started to re-enter Europe in the late medieval times. The Book of Roger, commissioned by the Norman King Roger in Sicily in the 12th century, had maps and a geography based on Ptolemy. Additional information, probably based on trade in the East was used to update the Ptolemaic maps.

Ptolemy's projections were used for world maps in the first edition (Bologna, 1477). Regional maps used the same projection. Their straight meridians converge north of the north pole. Curved, circular arcs are used as parallels. At that time the southern hemisphere was only partly covered.

Another projection method was pseudoconic and has much greater resemblance to the known world in our map. It was used in Nicolaus Germanus' copy of Ptolemy, 1470, and in the *Cosmographia* by Lienhart Holle, Ulm, 1482 (see Fig. 5.1). It inspired later conic projections (curved, parallel circlular parallels, curved meridians, converging at the pole).

During the Renaissance Europe started to look at the world in a different way. In addition to a willingness to accept some of the classical ideas becoming available by that time, there was increased interest in the seafaring trade to Asia. In the 15th and 16th century the Portugueses circumnavigated Africa, Christopher Columbus used Ptolemy and others to underestimate the size of the globe and sailed for Asia, and Fernão Magalhães circumnavigated the globe (see also the contribution of Patrick Lehn, section 6.2 „Die Vorgeschichte – Traditionen und Vorläufer" in this volume).

At the time when Christopher Columbus started the expedition that discovered America, Martin Behaim (1459–1507) supervised the making of the first known globe in spherical shape, produced in Nuremberg in 1490–1492. A professional salesman, he traveled throughout Europe, got involved with cosmography and navigation and collected maps from the known world.

Gerardus Mercator (1512–1594), Latin name of Gerhard Kremer, was a Flemish cartographer, geographer and mathematician best known for his cartographic work. Mercator studied in Leuven, today's Belgium, under Gemma Frisius, and in 1552 he became a mapmaker and lecturer at the University of Duisburg, until recently called *Gerhard-Mercator University*. His map of Europe (published in 1554) was the best of its kind for many decades. He produced a map of the British Isles in 1564 and in the same year was made court cosmographer to Duke William of Cleve. In 1568 he devised and produced a system of map projection, now called *Mercator Projection*. This system represents meridians by parallel lines and parallels of latitude by straight lines intersecting the meridians at right angles. Only four copies of this map are known to exist. Mercator's great Atlas (begun in 1569), in which he sought to describe the creation and history of the world, was printed in its unfinished state by his son in 1595.

In 1604 Jodocus Hondius (1563–1612) bought the plates of Mercator's Atlas and published atlases and globes, founding a family business which was later taken over by his two sons Jodocus II (1594–1629) and Hendrik Hondius (1597–1651).

In the 17th century there was development of surveying equipment and triangulation methods, including the logarithms, theodolite, pendulum clock, and barometric level. In 1669 Jean Picard (1620–1682) developed a triangulation line near Paris and measured a degree of latitude. His radius of the earth deviated only 0.1 % of the mean radius. In 1666 he was one of the founding members of the *Académie Royale des Sciences*. Together with Giovanni Domenico Cassini (1625–1712) and Philippe de La Hire (1640–1718) he worked on a net for measuring France.

In the end of the seventeenth century Cassini, together with his son, proposed triangulation to further verify the degree of latitude. Cassini, better known for his astronomical discoveries, the Saturn ring system and the four Saturn moons, also made a measurement of an arc of longitude in 1712 and obtained a result which suggested that the earth was elongated at the poles. By 1734, five such arcs, measured in France, all gave the same conclusion of a prolated shape.

Sir Isaac Newton (1643–1727) developed the theory of gravity and proposed that the globe is actually an oblate spheroid due to angular momentum. He used the measurement by Picard to verify his gravitational law to derive the mathematical and physical requirements for the ellipsoidal shape of the earth. In order to settle the matter once and for all, the *Académie Royale des Sciences* decided to send out expeditions to Lapland and Peru in the period 1735–1743 to measure the length of a degree of latitude and determine the correct shape of the earth. In 1736 Pierre Louis Moreau de Maupertuis (1698–1759) was a member of the Lapland expedition that measured a degree which was longer than in the equatorial latitutde, thus proving Newton's proposal of the oblate spheroid based on the theory of gravity.

In the 18th century there is a great race to accurately determine the longitude, which was quite a problem when sailing on the sea. On land the use of astronomical events like the covering of Jupiter's moons could be taken to determine the exact local time and thereby the distance from another place by measuring the time difference. This method was proposed by Galileo, and astronomers of that time prepared tables of these events for many places of the world and their local times. However, on a see-saw ship it was impossible to observe those coverings since the telescope could not be fixed on Jupiter. Maps of land were already very precise but instead of astronomical observations a precise clock solved the problem of measuring the longitudinal distance, by comparing the time of a certain longitude, for example the Greenwich Observatory, to the local time. John Harrison (1693–1776) tested his chronometer No 1 on a journey to Lisbon in 1736, with much praise from the captain. His chronometer No 4 was proven to be successful at sea not earlier than 1761.[3]

Modern cartography is usually thought of as beginning with a period dominated by the Dutch school, with such notables as Ortelius, Mercator, Blaeu, and Hondius. This age was followed by a period of dominance by the French school of cartography, the beginning date of which is usually given as 1650, when Nicolas Sanson (1600–1667), called the father of the French cartography, was publishing his basic maps. The importance of Sanson is reflected by the fact that it is with his maps that the center of cartographic publishing and influence shifted from the Low Countries to France. Whereas the Dutch cartographers are known for their fabulous decorations and coloring, the French cartographers, led by Sanson, are known for their pioneering

[3] See SOBEL (1998).

the scientific method of cartography. The maps that followed are excellent evidence of this shift in emphasis, representing only that data that could reliably be counted as having a scientific accuracy, and with this information depicted with a clear and precise simplicity.

Pierre Moullart-Sanson (died 1730) inherited the Sanson stock from his uncles, Guillaume and Adrian Sanson and since none of the family members had direct male descendants, passed it to three friends who succeeded him in 1730. One of them was Gilles Robert.

Gilles Robert Vaugondy (1688–1766) was finally the only heir to the cartographic works of his elderly friend Moullart-Sanson, due to disposal and heritage from the other two. Together with his son, Didier Robert de Vaugondy (1723–1786), he published two cartographic works, the *Atlas Portatif* and the *Petit Atlas* in 1748 and the *Atlas Universal* in 1752.[4]

In this historical context it is quite interesting that the GLOBE TERRESTRE *dressé par Ordre* DU ROI *par le Sr.* ROBERT DE VAUGONDY *fils Avec approbation de l'Académie Royale des Sciences, Août 1751* (as written in the cartouche) followed the measurements due to Cassini, although by that time (even the Peru expedition was back in 1743) better data and knowledge was available and Newton's proposal of an oblate spherical shape due to gravity was widely accepted. Nevertheless, the circumference of the Karl-Theodor globe is measured to be almost one and a half centimeters smaller at the equator than the length of a great circle of longitude. This is surely no deviation due to deformations during the process of making the globe, since the maps are indeed very precise. But in the mean each segment is one millimeter longer for thirty degrees of latitude at the equator (11.88 cm) than for thirty degrees of longitude (11.98 cm). This suggests a certain attachment to the Cassini tradition of the *Académie Royale des Sciences*.

It is known that about the time of the presentation of the eighteen-inch globes to Louis XV, plans were made to make a terrestrial globe of 6 foot in order to reproduce exactly the true shape of the earth, so clearly shown to be flattened at the poles of the Peru and Lapland expeditions.[5] Although Bouguer and La Condamine returned from Peru in 1735 and Maupertuis returned from Lapland in 1737, and their data strongly supported the flattening theory, they were found not to be sufficiently accurate to make the case certain. César-François Cassini (1714–1784), called Cassini de Thury and a grandson of Giovanni Domenico Cassini, disproved the familly tradition of believing in an elongation of the earth at the poles by his measurements around Paris in 1744. Though the Academicians Cassini and Le Monnier had reservations about the six-foot globe, it was no longer because of the flattening of the earth, but that on a globe of this size, it would only be five lignes (between 11 and 12 mm) or two and one-half lignes (about 6 mm) at each pole. Nevertheless, they suggested that the meridian of the globe be exactly circular, with the same dimensions as the equator; thus, the flattening would be visible by means of the gap between the globe and the

[4] See PEDLEY (1992), p. 11f.

[5] See DEKKER (1995).

meridian.[6] Furthermore, there were other obstacles like the size itself: The globe was too big for the small Robert Vaugondy residence on the Quai de l'Horloge, and the total cost of workshop conversion to the east wing of the Louvre (nearly 26,000 *livres*) was more than the King was willing to pay for the luxuary of seeing a large oblate spheroid. This project was never realized.[7]

At the time when Didier Robert de Vaugondy presented his eighteen-inch globe to the King, he assured him that the six-foot terrestrial globe was his only occupation. Since the case of elongation or prolongation was not clear during the work on the eighteen-inch globe, it is an open question, whether the deviation from a perfect sphere is due to inaccuracies of the production process or was extremely accurate to the belief of the pole-to-pole elongation. In fact the eighteen-inch globe has just a quarter of the diameter of a six-foot globe (6 feet = 72 inches) and therefore less than three millimeters difference between diameter and pole-to-pole axis. The correct circumference of the flattened globe at the equator should then have been about nine millimeters longer than a meridian, but the opposite is the case.

The following measurements are due to the Institute of Physics, University of Heidelberg, a disclosure requested by the University Library:

Diameter at the equator:	452.3 mm
Diameter from pole to pole:	457.7 mm
Diameters at the diagonals of an upright square section:	450.2 mm and 452.2 mm

Especially the fluctuation in the diagonal measurement shows that the globe did not form a perfect sphere. The elongation in the pole-to-pole direction may be ascribed to the manufacturing process. Nevertheless, the elongation could be more accepted than the compression according to a long standing tradition.

5.3 Projection Methods

Although there are plenty of projection methods, the given names of the most popular methods in cartography are due to the overall mapping of the earth onto a plane: by wrapping around a cylinder, a conic, or placing on a tangential plane.

The first step in choosing a projection is to determine: location, size and shape. These three things determine where the area to be mapped falls in relation to the distortion pattern of any projection. One traditional rule described by Maling[8] says: A country in the tropics asks for a cylindrical projection. A country in the temperate zone asks for a conical projection. A polar area asks for an azimuthal projection.

These rules of thumb are based on the fact that these global zones map into the areas in each projection where distortion is lowest:

Cylindricals are true at the equator and distortion increases toward the poles. Conics are true along some parallel somewhere between the equator and a pole and

---

[6] See PEDLEY (1992), p. 43.

[7] Ibid., p. 44; see also PEDLEY (1987).

[8] See MALING (1992).

distortion increases away from this standard. Azimuthals are true only at their center point, but generally distortion is worst at the edge of the map.

Experience shows that geographic space is not so fine and regular and many places always fall outside the good areas on the basic projections. One easy way to adjust for this is to change the aspect of the projection. This translates the distortion pattern in the projection space so the areas of least distortion are moved to another geographic area. Even with this added flexibility the choices are still pretty limiting. Maling suggests that various modifications are possible to make a projection work better:

- Redistribution of scales and using more than one line of zero distortion
- imposition of special boundary conditions, or
- using multiple projections to get recentered or interrupted maps.

Although we may have succeeded in minimizing distortion in general, we still need to consider the special properties of a projection. For particular purposes the map may need to be conformal, of equal-area, or some compromise of these. In some cases, such as navigation, conformality is absolutely necessary. In the mapping of statistical data, equivalence of the area is necessary.

5.3.1 Cylindrical, Conical, and Azimuthal Projections

A cylindrical projection can be imagined in its simplest form as a cylinder that has been wrapped around a globe at the equator. If the graticule of latitude and longitude are projected onto the cylinder and the cylinder is unwrapped, one obtains a grid-like pattern of straight lines of latitude and longitude. The meridians of longitude would be equally spaced and the parallels of latitude would remain parallel, but may not appear equally spaced anymore. In reality cylindrical map projections are not so simply constructed. There are three aspects of the cylindrical projections, each of them is either tangent or secant. The projection where the cylinder is wrapped around the equator is termed *regular*, or normal. If instead a meridian is used we call this the *transverse* aspect, and tangent or secant to any other great circle on the globe is called *oblique*.

The *regular* cylindrical projections can be characterized as having lines of latitude and longitude all parallel intersecting at 90 degrees. Meridians are equidistant (like in the Mercator projection shown in Fig. 5.3). It forms a rectangular map with true scale along the equator. The construction is simple and allows for such properties as preserving distances, angles or area, although of course not in the same projection map.

The *Cassini Projection* is a transverse cylindrical projection, where the cylinder is rotated 90 degrees (such that it is tangential to a meridian instead of being tangential to a circle of latitude) and applied to an ellipsoid. The scale is true along the central meridian, meridians 90 degrees to the central meridian, and the equator. Invented by Giovanni Domenico Cassini, active in the Paris Observatory since 1669, the projection was in use for topographical maps in France until 1803.

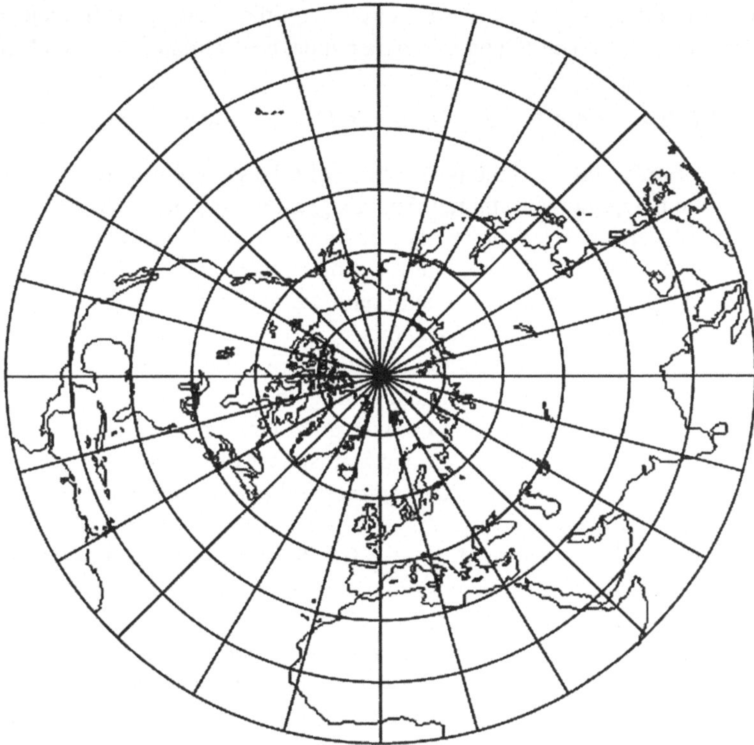

Fig. 5.2. Azimuthal equidistant projection (normal aspect)

In the conical projection the graticule is projected onto a cone tangent, or secant, to the globe along any small circle (usually a mid-latitude parallel). In the normal aspect parallels are projected as concentric arcs of circles, and meridians are projected as straight lines radiating at uniform angular intervals from the apex of the flattened cone. Conical projections are not widely used in mapping because of their relatively small zone of reasonable accuracy. The secant case produces two standard parallels, since the cone intersects the sphere at two different small circles. It is more frequently used with conical projections, but even then, the scale of the map rapidly becomes distorted as distance from the correctly represented standard parallels increases. Because of this problem, conic projections are best suited for maps of mid-latitude regions.

An equidistant or *Simple Conic* projection was developed by Guillaume De L'Isle (also written *Delisle*) (1675–1726), a pupil of Cassini. It is conic, has equally spaced parallels, is neither conformal nor equal-area, and equidistant meridians converge at a common point. It was used for field sheets and some charts of small areas until at least 1882.

An azimuthal equidistant projection (see Fig. 5.2) gives a map in which points on the same bearing lie along straight lines. Distance along those straight lines is proportional to distance along the great circle with that bearing. This projection is unique for each place on earth and a new map must be calculated for each location.

5.3.2 Gnomonic, Stereographic, and Orthographic Projections

So far we have only classified the possibilities of relating a non-distorted plane to a sphere. For the mapping itself, there is again a great variety of combinations. Three possibilities of perspective projections can be observed: Consider a plane being placed tangent to a globe. If the center of projection is located inside the globe a *gnomonic* projection results, if it is antipodal we call it *sterographic*, and if it is located at infinity, it is named *orthographic*.

The gnomonic is neither conformal nor equal-area. It is a perspective projection from the center of the globe onto a tangent plane at the central point of the projection. It is used by navigators and aviators because great-circle paths (shortest distances) are shown as straight lines. Less than one hemisphere can be viewed from a given origin. The scale is true only where the central parallel and meridian cross. All great circles are shown as straight lines.

The stereographic is conformal. Scale is true only where the central parallel and meridian cross like the gnomonic or along a circle concentric around the center of the projection. All great and small circles are shown as circular arcs or straight lines. It is a perspective projection of the globe onto a tangent or secant plane from a point opposite the point of the projection center. Used in the polar aspect for topographic maps of polar regions, it is recommended for conformal mapping of regions that are circular in shape.

The orthographic is neither conformal nor equal-area. Scale is true at the center and along any circle centered on the projection center but only along the circumference of the circle. This mapping resembles a projection of the globe onto a tangent plane from an infinite distance. All great or small circles are shown as elliptical arcs or straight lines. It is most often used for views of the earth as would be seen from space.

In order to overcome some of the disadvantages, non-perspective projections were invented later, like the *Azimuthal Equidistant*, the *Lambert Equal-Area*, or *Airy*.

5.3.3 The Mercator Projection

Mercator's projection is a cylindrical stereographic projection and hence conformal. Meridians are unequally spaced, the distance increases away from equator directly proportional to increasing scale. Loxodromes or rhumb lines are straight. It is still used for navigation and regions near the equator (see Fig. 5.3).

Invented in 1569 by Gerardus Mercator, graphically it became a standard for maritime mapping in the 17th and 18th centuries.

Mercator's projection was particularly useful because straight lines on his projection were lines of constant compass bearing. Today the Mercator projection still remains useful for navigational purposes and is referred to by seafarers and airline pilots. The Mercator is also a *conformal* map projection. This means that it shows

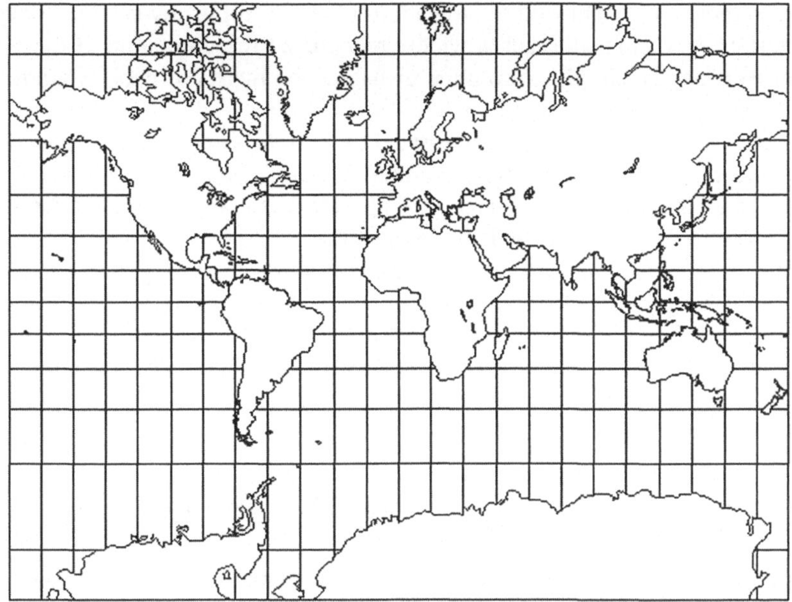

Fig. 5.3. Mercator's cylindrical conformal projection (normal aspect)

shapes pretty much the way they appear on the globe. The mapmaker's dilemma is that both shape and size cannot be represented accurately. If a true shape for the land masses is desired you will necessarily sacrifice proportionality, i.e., the relative sizes will be distorted.

Like for any cylindrical projection in the normal case, the meridians and parallels are all straight lines. That makes it easy to draw. Because of the way parallels are spaced, every part of the map looks natural. Nothing seems to be stretched or twisted, the way it sometimes is on other popular projections. This is due to the fact that the Mercator projection is conformal.

Nevertheless, the Mercator projection creates increasing distortions of size as moving away from the equator. Close to the poles the distortion becomes severe. Cartographers refer to the inability to compare area size on a Mercator projection as *the Greenland Problem*. Greenland appears to be the same size as Africa, yet Africa's land mass is actually fourteen times larger. Because the Mercator projection distorts size so much at the poles it is common to crop Antarctica off the map. This practice results in the Northern Hemisphere appearing much larger than it really is. Typically, the cropping technique results in a map showing the equator about 60% of the way down the map, diminishing the size and importance of the developing countries. This was convenient, psychologically and practically, through the eras of colonial domination when most of the world powers were European. It maintained an image of the world with Europe at the center and looking much larger than it really was. However, it was neither conscious nor deliberate, as most map users probably never realized the Eurocentric bias inherent in their world view.

When there are so many other projections to chose from, why is it that today the Mercator projection is still such a widely recognized representation of the globe? The answer may be simply convention or habit. The inertia of habit is a powerful force.

On the globe, the radius of every parallel of latitude is proportional to the cosine of the latitude. This means that the circumference of those parallels follow the same law, and thus the length of a degree of longitude along any parallel of latitude is proportional to the cosine of the latitude as well.

On a cylindrical map, however, the length of a degree of longitude remains the same from the top to the bottom of the map. Since at a given latitude, horizontal stretching by a factor of one divided by the cosine of the latitude takes place, vertical stretching of a factor of one divided by the cosine of the latitude must also be performed. Thus, the formula for the positions of the parallels in a Mercator projection can be looked up in a table of integrals:

$$\int_0^n \frac{1}{\cos(x)'} dx = \ln\left(\frac{1}{\cos(n)} + \tan(n)\right) = \ln\left(\tan\left(45^\circ + \frac{n}{2}\right)\right)$$

This formula even works when n is negative, representing southern latitudes.

Because angles are correct at every point on a conformal map, all the compass directions from any point make an equally-spaced circle at each point. On the Mercator, which is a map on a cylindrical projection, in the normal case north is always up. This means that the Mercator projection has another important property: compass directions are correct everywhere on it.

This property has made it extremely useful for navigational charts used by ships. A line of constant compass heading is termed a loxodrome, and on the Mercator projection, all loxodromes are straight lines throughout their length.

However, the shortest distance or geodesic line between two points is given by a part of the great circle going through these points, not by a line of constant compass bearing. Going east or west, parallels of latitude are the loxodromes, and anywhere else than on the equator they are small circles, not great ones. Loxodromes in other directions are a type of logarithmic spiral on the surface of the sphere.

The *Transverse Mercator* is a Mercator rotated 90 degrees, applied to a sphere. Invented by Johann Heinrich Lambert (1728–1777) in 1772, it was modified for the ellipse fifty years later by Carl Friedrich Gauß (1777–1855). This modification then is called the *Gauss Conformal*. It is useful for star maps of the kind that show how the sky appears at a particular time on a particular day of the year, because the resulting map can be equally useful for any latitude.

The reason for the popularity of the Transverse Mercator, as an approximation of the Polyconic and related projections, is because even on a large-scale map, there are slight errors because the map is flat and the earth is round.

If the Azimuthal Equidistant were used for each map, at least each map would be on the same projection as each other map, and so one set of tables for the corrections needed could be used. On the other hand, it is also desirable to be able, as far as possible, to allow adjacent maps to be joined together. This can be done in one direction. The simple conic will allow this horizontally, but it is a different projection for each standard parallel.

The Transverse Mercator combines both advantages: maps made in that projection can join up vertically, and any part of the earth can be made to pass through its standard meridian, so every place can be mapped using the same projection. In practice, the actual printed maps used are segments of a larger map, sharing a common standard meridian. This increases error, but the correction tables only need to cover a very narrow horizontal strip, and doing so allows a grid coordinate system to be used over a larger area.

5.4 Remarks on Differential Geometry

There is a mathematical theorem stating that for a differentiable, locally bijective (one-to-one and onto) map

$$f : \mathrm{S}^2 \supset U \to V \subset \mathbb{R}^2$$

of an open subset U of a sphere onto an open subset V of the plane is not isometric. This means that in principal it is impossible to map the surface of the earth on planar maps while preserving equal-area and angles on the same representation. In mathematical words: A diffeomorphic mapping of open subsets of two-dimensional Riemann surfaces with different curvature cannot be isometric. Nowadays this is taught in the very first lectures on *Differential Geometry* but it goes back to the discoveries of Carl Friedrich Gauß. He had been asked in 1818 to carry out a geodesic survey of the state of Hannover to link up with the existing Danish grid. Gauß was pleased to accept and took personal charge of the survey, making measurements during the day and calculations on the matter at night. He regularly wrote to Schumacher, Olbers and Bessel, reporting on his progress and discussing problems.

In 1822 Gauß won the Copenhagen University Prize with the paper *Theoria attractionis corporum sphaeroidicorum ellipticorum homogeneorum, March 1813,* together with the idea of mapping one surface onto another so that the two are similar in their smallest parts. This paper was published in 1825 and led to the much later publication of *Untersuchungen über Gegenstände der Höheren Geodäsie* (1843 and 1846).

Gauß's brilliant discovery came when he realized that as a pseudorectangle becomes smaller and smaller on the generating globe, it becomes more and more like a real rectangle. The curvature of the sides of a small pseudorectangle is less significant than the curvature in the sides of a large pseudorectangle, and the amount of convergence in the lines of longitude is less. Gauß proved that mathematically, if the pseudorectangle becomes infinitely small, this process gets carried to an extreme and the pseudorectangle in fact becomes a true rectangle.

The second part of Gauß's Theory came to him when he realized that as soon as a pseudorectangle shrinks to the size where it can be considered a true rectangle, something magic happens: The pseudorectangle's latitude/longitude coordinates become one in the same with the true rectangle's Cartesian coordinates. The reason this is magical is because it accomplishes exactly what the projection process is designed to do – convert latitude/longitude into Cartesian coordinates – without using any mathematics.

The whole idea of Gauß's Theory is to use this technique of shrinking pseudorectangles to equate infinitely small pseudorectangles on the surface of a sphere to their corresponding regions on a flat Cartesian surface (like a map), and then construct mathematical equations that allow for translating coordinates from one surface to the other. This technique can be used to develop plotting equations for any possible projection.

A complete discussion of all aspects of Gauß's Theory is beyond the scope of this presentation. However, the idea of Gauß's Theory shall be explained here in short. Consider a pseudorectangle formed by the two lines of latitude and two lines of longitude shown on the globe on the left of Fig. 5.4. These same lines of latitude and longitude form a rectangular region on the flat map shown on the right of Fig. 5.4. On the globe, the lines of longitude are not parallel; they converge toward the poles. Furthermore, all of the pseudorectangle's sides are slightly curved, because both the lines of latitude and the lines of longitude are actually parts of circles.

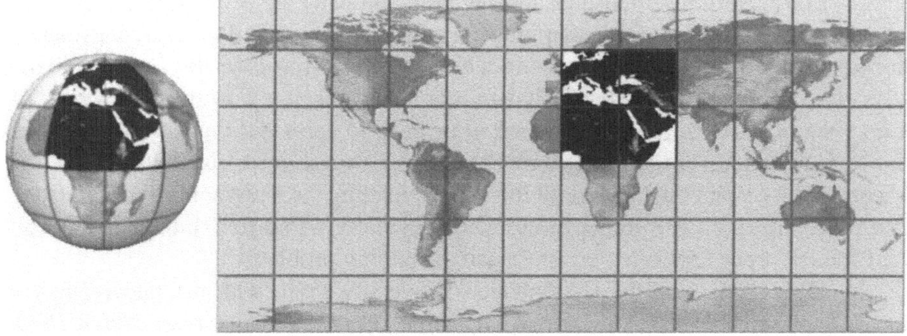

Fig. 5.4. A pseudorectangular region created by two lines of latitude and two lines of longitude on a generating globe (*left*) and on a flat map

In the map on the right of Fig. 5.4, the same region shows as a true rectangle, with sides composed of straight lines and opposing sides parallel to one another. Note that this is simply a consequence of the particular projection process, a variation of a Mercator projection, used to build this map. Using a different projection process would result in a different shape on the map. However, the pseudorectangle shown in Fig. 5.4 is only one of an infinite number of possible pseudorectangles, and no projection process will produce a map where the shapes of all possible pseudorectangles are accurately shown. No map projection transformation can maintain scale everywhere. Angles, areas, distances and directions will be altered in the planar representation of the ellipsoidal earth. The distortions created during the map projection transformation may be analyzed using a measure of distortion.

Gauß realized that the mathematical quantities have important physical meanings, for example, they can be used to measure the distortion of scale, area, or direction of any given projection. These mathematical terms are so important and so widely used that they have become known as *Gaussian Fundamental Quantities*. In 1859, Nicolas Auguste Tissot (1824–1904) used Gauß's Theory and these Fundamental Quantities to create an overall index of all of the distortion caused by the projection process that is present in a map. Basically, this index consists of plotting a circle on the generating globe, using the projection equations to transfer this circle to the map, and then measuring the deformation of the resulting mapped circle. This index has become a standard way of measuring projection-caused distortion in maps. It is called Tissot's *Indicatrix*. The area described as infinitesimally small on the surface of the earth's ellipsoid can be dealt with as if it is on a plane and remains infinitesimally small on the projection plane. The semi-axes a and b of the distortion ellipse, both in size and direction, are determined by the equations of the map projection and the geometric properties of the earth's ellipsoidal surface at the point being evaluated. The local properties of the transformation being evaluated by the indicatrix include distortions in lengths, angles, and areas. The infinitesimally small circle and the projected ellipse are related to one another by a two-dimensional afine transformation and hence the rules of projective Euclidean geometry apply.

In 1881 Tissot published his *Mémoire sur la représentation des surfaces et les projections des cartes géographiques*. In it he *proposed an analysis of distortion that has had a major impact on the work of many 20th century writers on map projections.*[9]

5.5 Photogrammetric Uptake

Recently the Behaim globe was restored and the results were presented in an exhibition on its 500th anniversary in 1992. During the restoration process a photogrammetric uptake was done by the *Institut für Photogrammetrie der Technischen Universität Wien*. Its distortions from an ideal sphere could be exactly determined, and on the other hand together with the photographs the globe could be presented to a broader public.[10]

A photograph of a generating globe is nothing else but a projection of an object which is almost a sphere onto a planar paper. Firstly you have to know about the deviations of the ideal sphere at any point of the globe, and secondly the distortions of the projection process are influenced by the lenses used and the distance of the camera. These distortions have to be measured in a similar way as for any geographic map. The northern and southern hemisphere of the Behaim globe was photographed from two different angles of latitude, at thirty degrees and fiftyfive degrees each, and directly above from the poles (see Fig. 5.5). At thirty degrees the longitudinal spacing was also thirty degrees such that for example twelve positions were taken here. The distortion of the globe was biggest at the south pole, obviously due to

[9] Snyder (1993), p. 147.

[10] See Dorffner (1996) and Kager (1993).

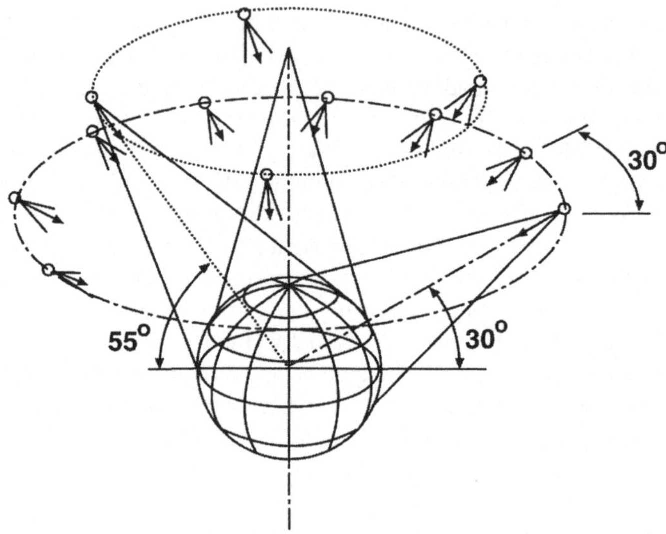

Fig. 5.5. Positioning of the cameras for a photogrammetric uptake (after DORFFNER (1996))

gravity; the uprigtht position caused an inwards deviation of approximately 20 mm from the ideal sphere.

The resulting pictures were used as textures mapped to a sphere in a *Virtual Reality Markup Language (VRML)*-model, which can be seen and played-with in a low resolution textured small version on the internet under the link http://www.ipf.tuwien.ac.at/teaching/vrml/behaim.html.

However, in the case of the Behaim globe the final restoration was done manually as the maps were directly painted onto a paper-wrapped ball out of canvas. It is intensively colored and what is most striking, but nevertheless must be expected: the american continent is missing, and since the Ptolemaic size of the earth was only three quarters of the actual size, the known world that streched from China and Japan to Europe was supplemented by the Atlantic Ocean to reach once around the world.

The situation for the Karl-Theodor globe was different. The original paper gores were already removed from the globe in a former attempt to conserve the maps (see also the contribution of Jens Dannehl, section 4.3.2 „Die Papiersegmente" in this volume). They were in such a bad shape that there was no chance to apply a standard restoration and cleaning technique and reuse them afterwards on the original ball. The only way out was to produce master copies for facsimiles to be used on the restored but still original globe.

The first idea for receiving the data was by means of another globe of the same series. One of only six globes of this series is in possession of the nearby *Landesmuseum für Technik und Arbeit* in Mannheim. A photogrammetric uptake of this globe and digital postprocessing of the photographs was one idea how to receive these masters. A company *focus GmbH* in Leipzig together with the department of

Photogrammetrie der Technischen Universität Berlin developed a program for digital image distortion aiming at a cartographical comparison of different globes.

But in order to yield new gores exactly fitting the Heidelberg globe, the distortion from the globe to a planar world map is not sufficient. The postprocessing in this case includes additional distortion calculations. This is obvious, although the photograph is already a two dimensional projection, but it is not the desired one. Not only is it necessary to compensate for the perspective distortion, but again a projection has to be chosen to give the best fit for glueing the map onto the original sphere. This was a new field for the company and therefore the uptake and recalculation exceeded the restoration budget. Moreover, the promised result was not so certain to work in this case, and finally, the Heidelberg globe was in some sense unique because of its history. The bullet holes as well as former restoration attempts and additons done by hand on the original etchings would not be preserved for the future. Therefore the decision was made to try a restoration on the digitized images of the Heidelberg originals.

5.6 Image Processing and Filtering Techniques

The method of choice for getting the master copies was digital image processing. It required a high resolution scan of each of the segments (or gores). Luckily they where of the right size for a usual DIN A4 scanner. Nevertheless, each segment scanned with 1200 dpi gray value occupied about 70 MB disk space, the horizon parts were about 55 MB and the patches at the pole about 25 MB, such that we had to deal with a total of more than 2 GB of data for 36 objects. In fact the final images occupied no more than 64 MB in total due to only three gray values to be stored and a good compression of the final images. A direct comparison of the originally digitized image and a resulting gore is shown in Fig. 5.6, exemplarily with the artwork etching of Gobin showing allegories of sea and land on two different segments.

Due to the fact that the northern hemisphere and the ring of the horizon were extremely exposed to falling dust and light, these areas were heavily damaged. In Fig. 5.7 it can be seen how the broken varnish makes the chart unreadable. In a first attempt with commercial software (here Adobe® Photoshop® was used) some standard filtering techniques show that in these regions it is almost hopeless to recover the original lines of the copper engravings. This is due to the fact that the patterns of the damage are of almost the same size and also shape as the original etching. So in some regions one is really lost even with the most sophisticated filters especially designed for the problem.

Nevertheless, one could do better than applying only those filters of the commercial tools available in 1999. An anisotropic nonlinear filtering technique was by that time not implemented commercially, although it was already well known in the mathematics and image processing community. This changed only recently but still the product is not convincing. One of the Photoshop® 7.0 filters, called by *Stylize > Diffuse* has a button *Anisotropic* but no parameters can be adjusted by the user. The result shows the typical meandering lines where have been noisy structures before (see for example the left part of Fig. 5.11). But there is no chance to adapt the filter to

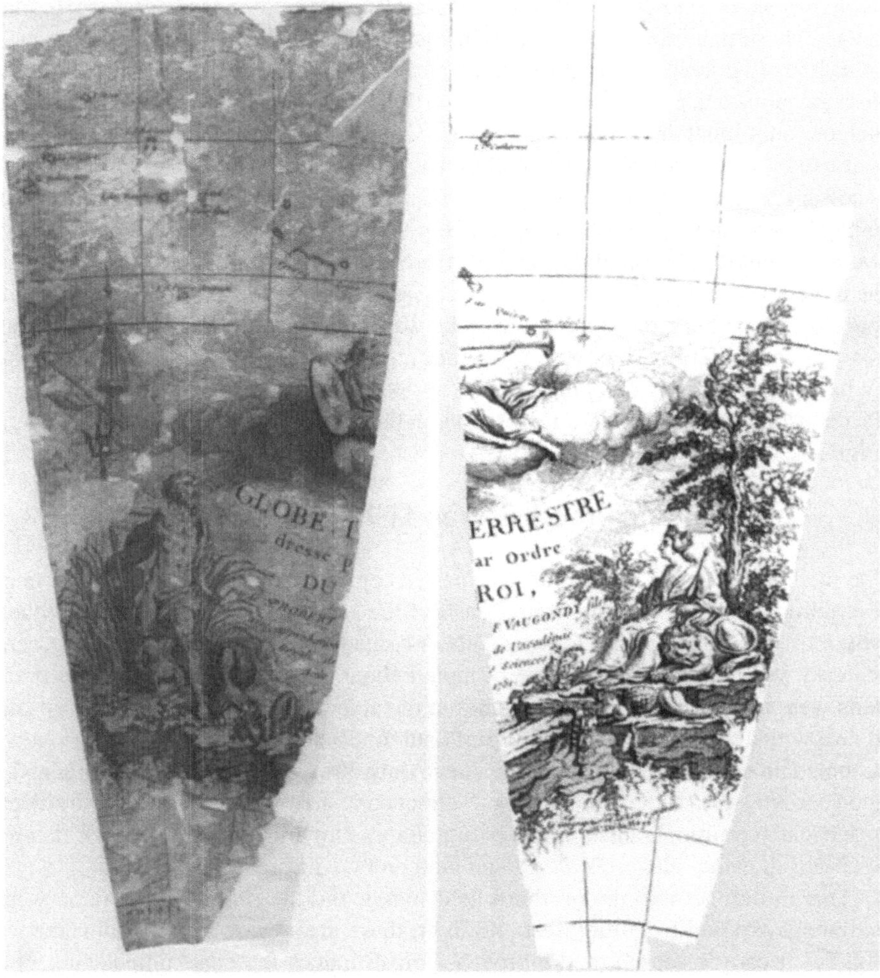

Fig. 5.6. The originally digitized image (*left*) and the final result (*right*) of the left and right half of the baroque cartouche

the length scale of the noise in the problem. This also comes along with the undesired effect that tiling for some noises is extremely visible, that means the patches of 256^2 pixels show effects at their borders, e.g. different structures in the filtering result, such that a disturbing square grid of 256 pixels mesh size remains visible. So even nowadays it would be necessary to implement or use a more sophisticated filter and to find the most appropriate parameters for the problem.

Some tests on the method of choice were made before we proceeded along the following steps: A cropping of the optimal rectangular area containing the segment was done first. Then a mask was formed around each segment containing the background area and the parts of the segments which were obviously missing, like the

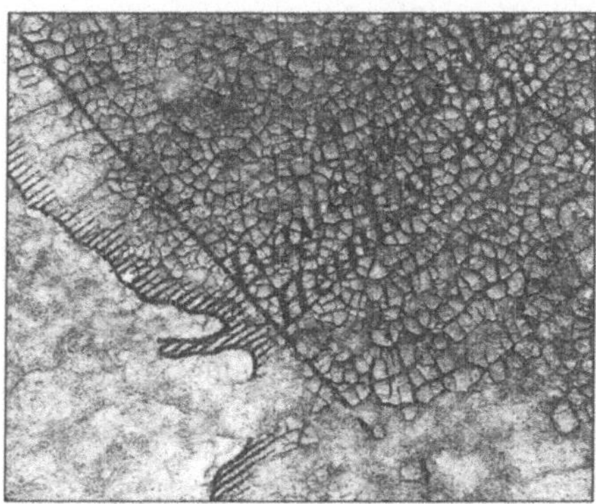

Fig. 5.7. Detail of the north pole (*left*) and a first result after a process of applying different filters of a cómmercial tool one after the other (*right*)

bullet hole or supplements done in former restoration attempts only using paper tiles without lines or notations on it. These masks were filled with a light gray value and defined the outer border were the restorer finally had to cut the segment (inner holes were of course not cut out). The masked and thereby gray area inside a segment permanently indicates the flaws which were typical for the Heidelberg globe. After this preparation, the filtering step could start right away.

5.6.1 Linear Isotropic Filters

Mathematically speaking, a filter is a functional applied to the intensities (or gray values) $f(x)$ at each point $x = (x_1, x_2)$ of an image. This may simply be multiplication with a constant, diminishing or enhancing the contrast of the image. Or it could be a convolution that is the multiplication with a weighted mask including the neighboring pixels of each pixel in a discrete image.

Linear isotropic diffusion applied to the intensities of an image blurs the picture and ends up with the mean value of homogeneously distributed gray. This is quite similar to a temperature field in a homogeneous medium which diffuses linearly and has no prefered direction. In mathematical terms the heat equation is the temporal evolution of a function u on a domain Ω with space coordinate x during time t that diverges in direction of the gradient ∇u that is the direction of steepest descent

$$\partial_t u(x,t) = \operatorname{div}(\nabla u(x,t)) \quad \text{in} \quad \Omega \times (0,\infty)$$

with initial condition

$$u(x,0) = f(x).$$

Due to the similarity between bluring the intensities of an image and diffusion of a scalar field, solutions of partial differential equations quite naturally enter the subject of image processing. The two-dimensional Gaussian kernel K_σ of width (or standard deviation) σ is given by

$$K_\sigma(x) := \frac{1}{\sqrt{2\pi\sigma^2}} \exp\left(-\frac{|x|^2}{2\sigma^2}\right).$$

A convolution of a Gaussian kernel K_σ with the initial condition is a fundamental solution of the heat equation. So it is self-evident to formulate the filter problem for images as finding a solution for such a parabolic equation.

The intensities of an image at a given time t can be derived as a convolution (denoted by $*$) that is a multiplication of the Gaussian with the original image f at each point y in the neighborhood of x and then an integration (or summation) of all contributions to form the processed image at the point x

$$u(x,t) = (K_{\sqrt{2t}} * f)(x) = \int_{\mathbb{R}^2} K_{\sqrt{2t}}(x-y) f(y) dy \quad \text{for} \quad t > 0.$$

The time t then is the time elapsed in a continuous diffusion process. In a discrete numerical scheme this is the same as applying Gauß filtering for a discrete time step $t = \frac{\sigma^2}{2}$. In order to blur more and more this process can be iterated, or equivalent the width σ can be increased. In this case a solution is given explicitely, in analytical form, and we do not have to look for a numerical approximative solution of the differential equation.

5.6.2 Nonlinear Anisotropic Filters

Instead of blurring more and more, the filter design should aim at an enhancement of the diffusion in direction of small gradients of the gray value and an inhibition of diffusion at edges, where the gradient is large. Edges and corners of a desired structure should be detected precisely, whereas on a local scale within these structures the image should be smoothed.

Nonlinear filters depend on the local gradient of a gray value, as for example in the Perona-Malik model. This model was presented for the first time at a conference in 1987. Their diffusivity is a function of the absolute value of the local gradient of image intensities.[11] But this model runs into mathematical problems since the flux function has positive and negative derivatives. This causes backward and forward diffusion, respectively, and an ill-posed problem arises.[12] Whereas diffusion forward in time smoothes, diffusion with reversed time has the opposite effect, and leads to an ill-posed problem, since the initial values have to be smooth but solutions will loose their smoothness in general. There have been several attempts to avoid the ill-posed problem (for example within finite time there exists a weak solution[13]) or to compensate for the backward diffusion by previously smoothing the image.

The general nonlinear diffusion model in image analysis is described by

$$\partial_t u(x,t) = \operatorname{div}(D_u^p \nabla u(x,t)) \quad \text{in} \quad \Omega \times (0,T]$$

---

[11] See PERONA, MALIK (1990).

[12] See WEICKERT (1998), pp. 15–18.

[13] For a detailed analysis including a maximum principle for the existence of a weak solution see KAWOHL, KUTEV (1998).

together with initial and boundary conditions

$$u(x,0) = f(x), \quad (D_u^p \nabla u(x,t), n) = 0 \quad \text{on} \quad \partial\Omega \times (0,T].$$

The unprocessed image $f = f(x)$ is the gray level function of a pixel x, and $u(x,t)$ is the gray level function of the processed image at time $0 < t < T$. The domain of the image Ω is usually a rectangular subset of $\mathbb{R}^2$, and n denotes the outer normal to the boundary. So the boundary condition postulates that we have zero flux at the border.

The diffusion matrix D determines the spreading of u in different directions and thus the changes in the image. Therefore its definition and its dependence on the gray values and the gray value gradient is decisive for the filtering process. The matrix has to be symmetric and non-negative. The dependence of $D = D_u^p$ on the derivatives of the gray level function u, and a set of parameters p is indicated by the sub- and superscripts. We want to adapt the diffusion to the local and also to the specific image structure. In order to do so we introduce the so called structure tensor. It is motivated by the aim to detect the directional structure of the presmoothed image. Thereby the problem turns into a nonlinear one.

In a preliminary step we smooth the image since images show directional structures varying in space on a coarser scale. We define $u_\sigma := K_\sigma * u$ to be the convolution of u with a normalized Gaussian of standard deviation σ. The tensor product $\nabla u_\sigma \nabla u_\sigma^T = (\partial_j u_\sigma \ \partial_k u_\sigma)_{jk}$ is a 2×2 matrix, and since this matrix results from a single vector, namely ∇u_σ, it is singular with eigenvalues $|\nabla u_\sigma|^2$ and 0. This 2×2 matrix defines a dengenerate metric on the image and leads to a diffusion which is acting only in certain directions.

Although Perona and Malik called their filter anisotropic, it depends on a scalar valued diffusivity at a local image point. We agree with Weickert[14] to reserve the term "anisotropic" for diffusion filters which additionally depend on structural features of the image itself. They appear on a coarser scale of the image.

Coherence Enhancement Looking at an etching, we see that the engraved lines often have constant bearing, or a structure has a preferred direction over a greater area, like the shading on a coastline (see Fig. 5.7). We want to smooth the image according to the local structures for example by enhancing the diffusion in direction of lines (that is perpendicular to the gradient of the gray value).[15] The radius in which we want to detect coherent structures is given by another parameter ρ. We now compute the convolution with a normalized Gaussian of width ρ by components $K_\rho * (\partial_{x_i} u_\sigma \partial_{x_j} u_\sigma), \quad i,j = 1,2$. This yields the so-called structure tensor J which depends on ρ and ∇u_σ and has the form

$$J := J_\rho(\nabla u_\sigma) = K_\rho * (\nabla u_\sigma \nabla u_\sigma^T) = \begin{pmatrix} \alpha & \beta \\ \beta & \gamma \end{pmatrix}.$$

It is symmetric by construction. The characteristic values μ_1, μ_2 of J satisfy $\mu_1 \geq \mu_2 \geq 0$, and $\nu_1 = (v_1, v_2)$ is the normalized eigenvector to the eigenvalue μ_1.

---

[14] See WEICKERT (1998), p. 14 and also p. 22.

[15] Ibid., p. 23.

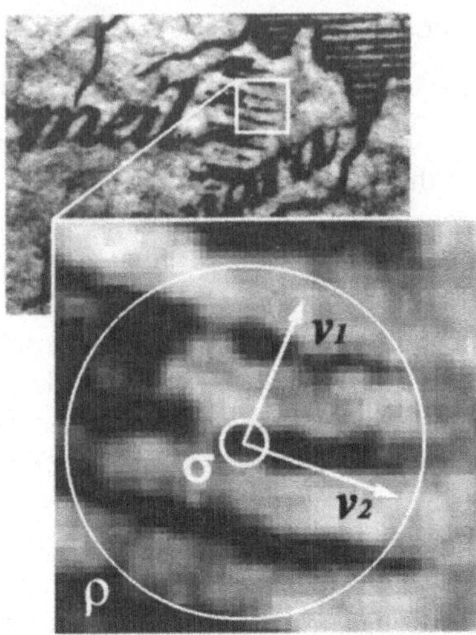

Fig. 5.8. Sketch of the sizes of the parameters according to typical length scales of the problem

Since the eigenvectors of a symmetric matrix form an orthonormal basis, $\nu_2 = \nu_1^{\perp} = (v_2, -v_1)$ is the eigenvector of μ_2. Recall that ν_1 is the direction of highest fluctuation of the gray value, such that perpendicular to it we have ν_2, which points in the direction of coherence (see Fig. 5.8).

If $\mu_1 = \mu_2 = 0$ we are in a region with constant gray value, an isotropic region of the image. For $\mu_1 >> \mu_2 = 0$ we are in a region of coherent lines, whereas for $\mu_1 \geq \mu_2 >> 0$ we detect a boundary of a coherent area. The squared difference $d = (\mu_1 - \mu_2)^2$ then is an indicator for coherence. In terms of the entries of J this d evaluates to $d = (\alpha - \gamma)^2 + 4\beta^2$.

If d is small, then locally we have no preferred orientation. In this case we want to be close to diffusion with no directional dependence. If d is big, we still want to have a small diffusion in direction of ν_1 and enhanced diffusion in perpendicular direction. The enhancement should depend on the measure of coherence $d = (\mu_1 - \mu_2)^2$.

The diffusion tensor or matrix $D_u^{\sigma,\rho}$ is denoted with a subscript u indicating the dependency on the image itself, and the superscripts σ and ρ denoting the parameters used in the convolution. It depends on the structure tensor in the following way:

Considering the isotropic case when $d = 0$, it is natural to let the diffusion matrix be a diagonal matrix with a small constant ε in each direction

$$D_u^{\sigma,\rho} = \begin{bmatrix} \varepsilon & 0 \\ 0 & \varepsilon \end{bmatrix} \quad \text{for} \quad (\mu_1 - \mu_2)^2 = 0.$$

In case of an anisotropy indicated by the eigenvalues μ_1, μ_2 and eigendirections of the structure tensor

$$\mu_1\, \nu_1 \nu_1^T + \mu_2\, \nu_2 \nu_2^T = J_\rho(\nabla u_\sigma)$$

we define

$$D_u^{\sigma,\rho} := \varepsilon\ v_1 v_1^T + \left(\varepsilon + (1-\varepsilon) g((\mu_1 - \mu_2)^2)\right)\ v_2 v_2^T .$$

The shape of the function g has to be smooth, strictly positive and monotonously increasing. Furthermore it holds $g(0) = 0$ and $g(\infty) = 1$. For example the function can be of the form $g(d) = \frac{d}{1+d}$ or $g(d) = \exp\left(\frac{-C}{d^m}\right)$, $m \in \mathbb{N}$. Thereby we are in the isotropic case for $d = 0$ and continuously modify the diffusion matrix with increasing d.

A diffusion tensor constructed as so shall guarantee that for broken lines the divided parts are glued together; g corresponds to the diffusion in direction of the lines. The function g has to be large, if the indicator for linewise structures d is large.

The tensors build out of the eigenvectors of J are of the form

$$v_1 v_1^T = \begin{pmatrix} \chi_1 & \chi_0 \\ \chi_0 & \chi_2 \end{pmatrix} \quad \text{and} \quad v_2 v_2^T = \begin{pmatrix} \chi_2 & -\chi_0 \\ -\chi_0 & \chi_1 \end{pmatrix} .$$

We know that $(\mu_1 - \mu_2)\chi_0 = \beta$ such that for $d \neq 0$ we have $\chi_0 = \frac{\beta}{\sqrt{d}}$. Without computing the eigenvectors explicitly, we can solve χ_1 and χ_2 from $\chi_1 + \chi_2 = 1$ and $\chi_1 \chi_2 = {\chi_0}^2$. The diffusion tensor can be written in these terms as

$$\begin{aligned} D_u^{\sigma,\rho} &= \varepsilon \begin{pmatrix} \chi_1 & \chi_0 \\ \chi_0 & \chi_2 \end{pmatrix} + (\varepsilon + (1-\varepsilon) g(d)) \begin{pmatrix} \chi_2 & -\chi_0 \\ -\chi_0 & \chi_1 \end{pmatrix} \\ &= \begin{pmatrix} \varepsilon + (1-\varepsilon) g(d)\ \chi_2 & -(1-\varepsilon) g(d)\ \chi_0 \\ -(1-\varepsilon) g(d)\ \chi_0 & \varepsilon + (1-\varepsilon) g(d)\ \chi_1 \end{pmatrix} \end{aligned}$$

with $\chi_0 = \frac{\beta}{\sqrt{d}}$, $\chi_1 = \frac{1}{2} + \sqrt{\frac{1}{4} - {\chi_0}^2}$ and $\chi_2 = \frac{1}{2} - \sqrt{\frac{1}{4} - {\chi_0}^2}$.

Fig. 5.9. A part of the horizon ring h7 with marked detail

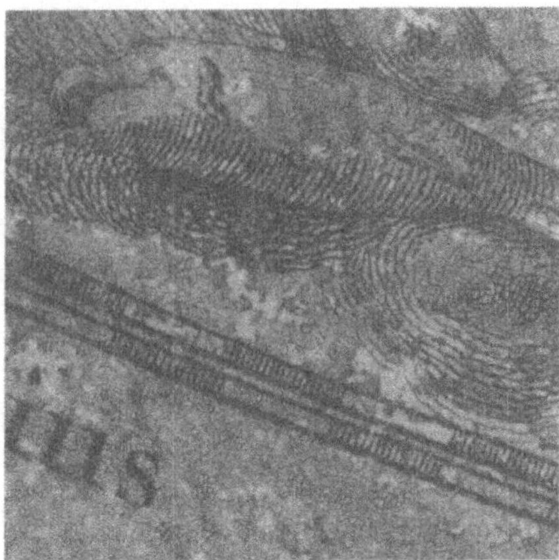

Fig. 5.10. The detail marked in Fig. 5.9 shows pisces of the zodiac in the way they were scanned (*left*) and after a threshold separates the image in only two tones of black and white (*right*)

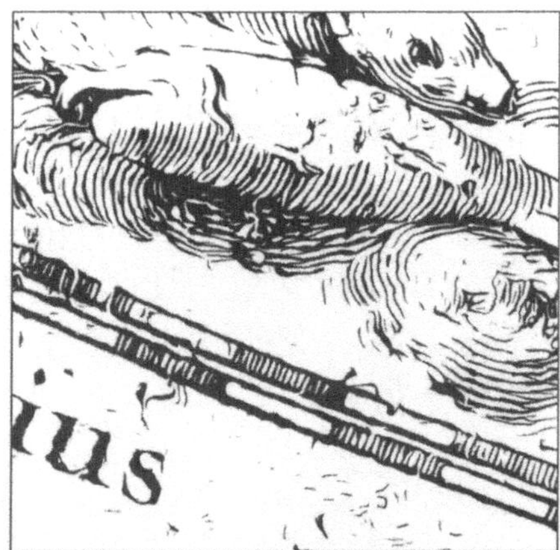

Fig. 5.11. The anisotropic filter was applied to the same detail (*left*) and afterwards a separation into only black and white was done (*right*). In comparison with Fig. 5.10 more and more noise could be automatically removed whereas the line structure of the etching is enhanced

In the case of copper engravings we want to detect hatchings, linewise structures used to indicate for example a coastline. At the same time we want to eliminate defects of smaller size or of the same size but without coherent orientation. The former comes from dust or dirt, the latter may be a structure from an old and therefore broken varnish which does not belong to the engraving.

We assume the thickness of lines not to vary throughout the image, and to be smaller than the intermediate space between the lines. Now we choose σ to be the radius of a circle that is contained in these lines, see Fig. 5.8. This eliminates defects of a size smaller than σ but the gradient of the gray value ∇u does not vanish along the edges of lines when convoluted with the normalized Gaussian of standard deviation σ. Now take ρ larger than σ but much smaller than the radius of the largest ball that contains the linewise structure. Within an area of a preferred orientation, the diffusion is large in this direction and remains small perpendicular to it. This restores broken lines belonging to the structure, but wipes out defects in other directions.

Figs. 5.10 and 5.11 illustrate the procedure for a marked detail of the horizon ring (see Fig. 5.9). The left part of Fig. 5.10 shows the originally scanned data. A threshold is determined on the basis of a gray value histogram to separate the intensities to either black or white. This reference picture on the right in Fig. 5.10 shows a lot of details from dirt or dust, old varnish or paper structure not belonging to the original etching. Fig. 5.11 now shows the result when applying the anisotropic nonlinear filtering technique enhancing the structures of the engraving. For the same given threshold a separation into only black and white gives a much clearer image, the linewise structure is plainly visible and the disturbing noise almost disappeared.

5.7 Multigrid Algorithm

The large size of data motivates the application of numerical methods that allow rapid convergence to the solutions of the differential equations we have to solve in every time step. For the implementation a multigrid method was chosen since it guarantees small errors even if the time step is large. The implementation was part of a diploma thesis.[16]

The multigrid scheme was based on a square region of 256 pixels edge length and eight grids in a coarsening process yielding a single node on the coarsest grid. The restriction and prolongation proceeded along a V-cycle. In the overlap of the patches a cubic interpolation was applied to avoid visibility of the paving since coherent structures could not be detected across the borders to adjacent patches.

The space discretization is a tesselation with quadrangles of width h, with row index i and column index j, counted from top to bottom and from left to right. This defines

$$\begin{aligned} T_1^{ij} &= ((x_{ij}, y_{ij}), (x_{ij}+h, y_{ij}), (x_{ij}+h, y_{ij}-h)), \\ T_2^{ij} &= ((x_{ij}, y_{ij}), (x_{ij}, y_{ij}-h), (x_{ij}+h, y_{ij}-h)), \\ T_3^{ij} &= ((x_{ij}, y_{ij}), (x_{ij}, y_{ij}-h), (x_{ij}+h, y_{ij})), \\ T_4^{ij} &= ((x_{ij}, y_{ij}-h), (x_{ij}+h, y_{ij}-h), (x_{ij}+h, y_{ij})), \end{aligned}$$

and the diffusion matrix operates on this type of grid

$$D_k^{ij} = \begin{pmatrix} a_k^{ij} & b_k^{ij} \\ b_k^{ij} & c_k^{ij} \end{pmatrix} \quad \text{on } T_k^{ij}.$$

Two finite element discretizations of a square region are possible. One is induced by a tesselation of triangles whose longest edges go from $(x_{i,j}, y_{i,j})$ to

[16] See DRESSEL (1999).

$(x_{i+1,j+1}, y_{i+1,j+1})$, and the other one has longest edges going from $(x_{i,j}, y_{i,j})$ to $(x_{i+1,j-1}, y_{i+1,j-1})$. We use a convex combination of these two schemes to avoid mistakes which would arise from prefering a certain direction.

5.8 Postprocessing

Although most of the filtering was done automatically and with our own implementation of the algorithm, we used commercial software for the finishing process. In a close dialog with Jens Dannehl, restorer of the University Library, we agreed on removing some remaining artefacts of dirt. In some areas this was an easy decision,

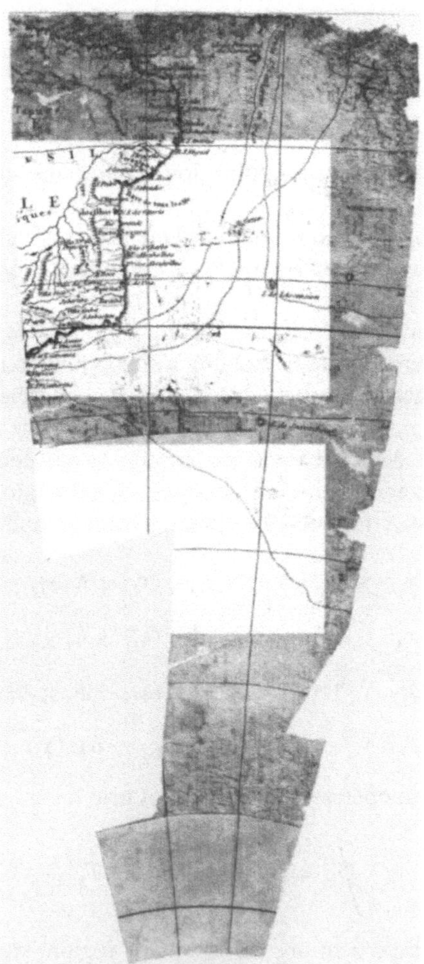

Fig. 5.12. A segment of the southern hemisphere with two rectangular areas in which filters with different parameters were applied

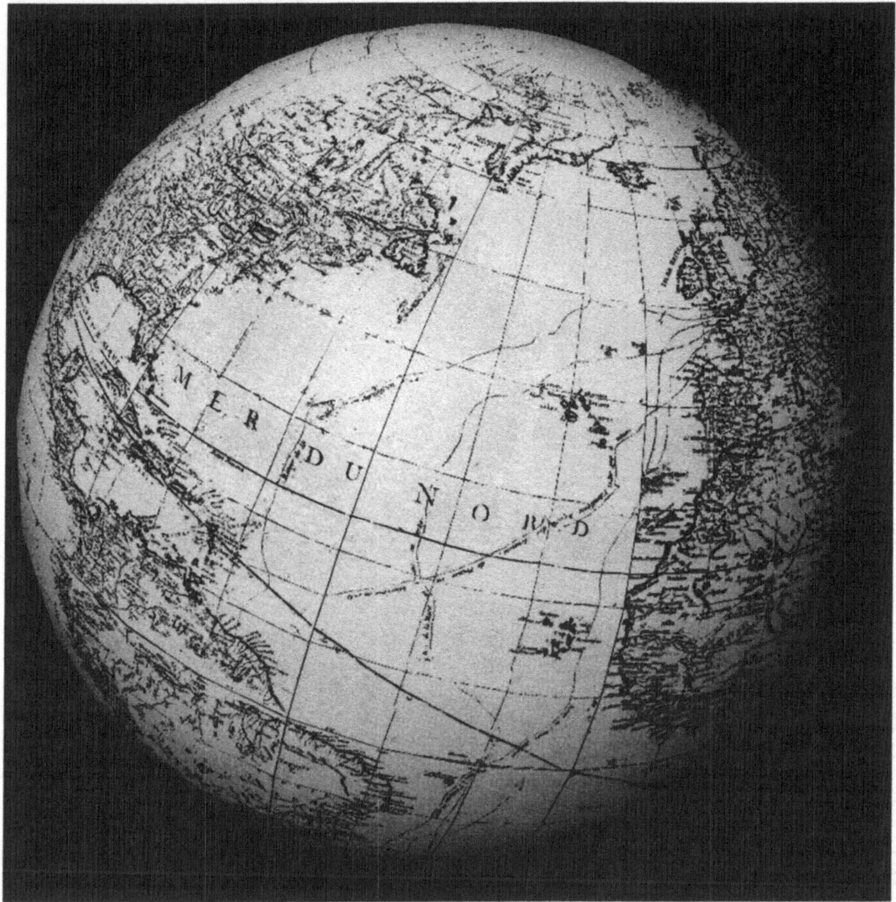

Fig. 5.13. North Atlantic and pole region of the virtual globe

since the chosen parameters were optimized on the crowed areas and therefore left over artefacts in the vacancy of the oceans, where only the grid lines of longitude and latitude should be seen. Those would have allowed a much greater parameter to identify the length scale of the lines to be distinguished from dust. But it was not much work to eliminate these spots by hand. Fig. 5.12 illustrates the work in progress: the gray mask of background or laminated paper, the originally scanned data and two rectangular areas where different filter parameters were applied in order to find out an optimal set of parameters to handle the whole set of gores. The aim was a minimal work to be done by the hand of an expert in a finishing process. This example can be compared with the final result of segment s1*a* shown in the appendix, Fig. A.15.

A final test had to be attended before the artwork masters could be given to the printing plant: a proof bond had to be made to scale the images if necessary. Once again we were lucky that our printers were able to deal with the special paper that

Fig. 5.14. Africa and Europe, virtually mapped on a sphere

was chosen for the final facsimiles, and that all segments fitted in the printable area of DIN A4 printers. Although we never changed the size of the images, an afterwards scaling turned out to be necessary. Probably during the peel off process or due to different humidity in the paper of the originals and the facsimiles, the perimeter of the probe globe was exceeded by far and the additional three centimeters had to be distributed among the twelve segments. We shrank each of them the necessary two millimeters to make the final pieces fit but still not being too small in case the original globe behaves differently. There was no experience with the influence of the water on the restored ball and whether it behaves similar to its plaster copy.

5.9 Virtual Globe

The restored globe is unique and part of the permanent exhibition in the entrance hall of the library of the University of Heidelberg. It is presented to the public in a

Fig. 5.15. The line of the ecliptic seems to separate the well known colonies in Indonesia and the Philippines from an almost unknown Australia

vitreous display case and therefore can neither be touched nor moved. This is a great pity since the globe could be turned within its mount in various ways: It spinned around its pole-to-pole axis within the brass meridian, this meridian could be turned vertically within a horizontal guidance of the horizon ring, and this wooden ring could be turned horizontally.

Since our method of restoration required digital images right from the start, why not use these data for a virtual globe to be moved and zoomed in at any place of interest, even via internet from any place of the world? This was quite a charming idea that emphasizes the democratic concept of the internet.

Again the problem was to map a two dimensional image onto a two dimensional sphere. This problem was solved by mapping texture patches of ten by ten degrees onto segments of the sphere of the same size. The Virtual Reality Markup Language

(VRML) was used to perform this projection which now can be seen with any VRML-browser, e.g. the Cosmo Player plugin for Netscape Communicator™.

```
#VRML V2.0 utf8
Group {
   children [
      Shape {
         appearance
            Appearance {
               material USE _0
               texture
                  ImageTexture {
                     url "tt_1_0.jpg"
                  }
            }
         geometry
            IndexedFaceSet {
               coord
                  Coordinate {
                     point  [ 0.34202 0 -0.939693,
                              0.5 0 -0.866025,
                              0.336824 0.0593912 -0.939693,
                              0.492404 0.0868241 -0.866025 ]
                  }
               normal
                  Normal {
                     vector [ 0.34202 0 -0.939693,
                              0.5 0 -0.866025,
                              0.336824 0.0593912 -0.939693,
                              0.492404 0.0868241 -0.866025 ]
                  }
            texCoord
               TextureCoordinate {
                  point [ 0 0,
                          0 1,
                          1 0,
                          1 1 ]
               }
            solid  FALSE
            creaseAngle 0.5
            coordIndex [ 0, 2, 1, -1, 3, 1, 2, -1 ]
         }
      }
   ]
}, ...
```

With few additional commands the spinning around the natural spinaxis with an inclination of 23.5 degrees makes it fit into todays perception.

Fig. 5.16. South Pacific with baroque cartouche, positioned in the South Seas. The virtual globe can be moved to any view, like this from slightly underneath

The example above is the notation used to indicate that a tile from segment s1a (the lower left ten by ten degrees patch) is mapped to a rectangle in three-dimensional space given by four points and the counterclockwise order of the two triangles forming this rectangle. The outer normal is automatically defined. Now the texture coordinates mark the four corners of the image to be mapped to the four corners of the world coordinates. This is done repeatedly from south pole to north pole forming eighteen tiles to cover the latitude and 36 for every ten degrees of longitude. In this way 648 single texture patches were mapped to form a sphere of our virtual globe.

To make this work correctly one could not simply cut out some curved parts of the facsimiles, but had to distort them to squares. The distortion is bigger the closer it comes to the poles. Therefore the mapping of the pole segments is done not using squares but thin long rectangles as texture images. Each of the tiles are either of the size 256×256 or 100×500 square pixels. This means for JPEG compression a memory of about 11 Megabyte is needed for texturing the globe with high resolution maps. The projection process is a time limiting one, even for half the resolution you have to wait almost the same time of about three minutes to create the VRML model. Once it is created, the spinning and any interactive transformation is almost fluent. Figs. 5.13 to 5.16 give an impression of the possible interaction with the virtual globe.

The virtual result is of course a much more precisely fitted map on the sphere than is possible when having to fight against real constraints like non perfect plaster globes and real paper gores. This is another advantage of the precise art of mathematics.

Literatur

[DEKKER (1995)] Dekker, Elly, and Peter van der Krogt: Globes from the Western World. Philip Wilson Publishers, 1995.

[DORFFNER (1996)] Dorffner, Lionel: *Der digitale Behaim-Globus – Visualisierung und Vermessung des historisch wertvollen Originals*. Cartographica Helvetica, Vol. 14, 1996.

[DRESSEL (1999)] Dressel, Alexander: *Nichtlineare Diffusion in der Bildverarbeitung*. Diploma thesis, Fakultät für Mathematik, Ruprecht-Karls-Universität Heidelberg, June 1999.

[HEATH (1996)] Heath, Thomas L.: Aristarchus of Samos, the Ancient Copernicus: A History of Greek Astronomy to Aristarchus Together with Aristarchus's Treatise on the Sizes and Distances. Thoemmes Press, December 1996.

[KAGER (1993)] Kager, Helmut, Karl Kraus und Klaus Steinnocher: *Photogrammetrie und digitale Bildverarbeitung angewandt auf den Behaim-Globus*. Zeitschrift für Photogrammetrie und Fernerkundung, Karlsruhe, Vol. 5, 142–148, 1992.

[KAWOHL, KUTEV (1998)] Kawohl, Bernd and Nikolai Kutev: *Maximum and comparison principle for one dimensional anisotropic diffusion*. Math. Ann. 311 (1998), no. 1, pp. 107–123.

[LUMPE (1994)] Lumpe, Adolf: Biographisch-Bibliographisches Kirchenlexikon, Band VII, Sp. 1045–1049. Verlag Traugott Bautz, 1994.

[PEDLEY (1987)] Pedley, Mary: Globes for a King: the six-foot globe of Robert de Vaugondy. Globusfreund (Vienna, 1987): no. 35–37, pp. 145–156.

[PEDLEY (1992)] Pedley, Mary Sponberg: Bel et Utile. The Work of the Robert de Vaugondy Family of Mapmakers. Tring: Map Collector Publ., 1992.

[PERONA, MALIK (1990)] Perona, Pietro and Jitendra Malik: *Scale space and edge detection using anisotropic diffusion*. IEEE Trans. Pattern Anal. Mach. Intell., Vol. 12, 629–639, 1990.

[MALING (1992)] Maling, D. H.: Coordinate Systems and Map Projections, 2nd Edn. Pergamon Press, Oxford 1992.

[SNYDER (1993)] Snyder, John P.: Flattening the Earth: Two Thousand Years of Map Projections. University of Chicago Press. Chicago, IL, 1993.

[SOBEL (1998)] Sobel, Dava, and William J. H. Andrewes: The Illustrated Longitude. Walker Books, New York 1998.

[WEICKERT (1998)] Weickert, Joachim: Anisotropic Diffusion in Image Processing. B. G. Teubner, Stuttgart 1998.

6

Historische Bedeutung

Patrick Lehn

Rohrbacher Straße 167, 69126 Heidelberg, Germany
patrick.lehn@web.de

6.1 Ein Blick auf die Welt des 18. Jahrhunderts

Wie stellte sich die Welt für einen europäischen Fürsten Mitte des 18. Jahrhunderts dar? Die gelungene digitale Restaurierung der Weltkarte auf dem Globus des pfälzischen Kurfürsten Karl Theodor ermöglichte es, nach Antworten auf diese Frage zu suchen. Denn als das Exemplar im Jahr 1751 fertiggestellt wurde, bot es dem Betrachter eine dreidimensional gestaltete kartographische Erdansicht, die das aktuelle geographische Wissen der Zeit repräsentierte und gleichzeitig einen Abschnitt in der Geschichte der Globenherstellung dokumentierte.

6.2 Die Vorgeschichte – Traditionen und Vorläufer

Die ersten geistigen Voraussetzungen für die Anfertigung von Erdgloben wurden schon im 6. Jahrhundert v. Chr. geschaffen, als Pythagoras von Samos und Anaximenes von Milet die Kugelgestalt der Erde formulierten, da sie ihr – ebenso wie allen anderen Himmelskörpern – eine ideale Form zusprachen.[1] Zwei Jahrhunderte später entdeckte Aristoteles mehrere Hinweise auf die Kugelgestalt der Welt. Schon im 2. Jahrhundert v. Chr. schuf der aus Kilikien stammende Krates von Mallos ein steinernes Erdmodell mit vier symmetrisch angeordneten Inseln, das in Pergamon aufgestellt war.[2] Dieser verschollene und nur noch aus schriftlichen Quellen überlieferte Globus bildete das Vorbild für den aus dem byzantinischen Kulturkreis hervorgegangenen mittelalterlichen Reichsapfel. Das Wissen um die Kugelgestalt der Erde ging zwar nie mehr verloren, wurde aber im Mittelalter nur vereinzelt vertreten. Im 15. und 16. Jahrhundert erfolgte dann unter dem Eindruck der großen Entdeckungen dieser Zeit die Ablösung des bis dahin geltenden antiken und mittelalterlichen ptolemäischen Weltbildes.[3] Letzte Zweifel an der Kugelgestalt wurden durch die erste Weltumsegelung (1519–1522) Fernão Magalhães ausgeräumt.[4]

[1] Lexikon (1986), S. 198f.

[2] Fauser (1973), S. 10.

[3] J. Neumann, Das abendländische Weltbild bis 1700, in: Römer (1993), S. 13f.

[4] Lexikon (1986), 1. Bd., S. 198.

Dreißig Jahre zuvor entstand 1492 mit dem sogenannten „Erdapfel" des aus Nürnberg stammenden Martin Behaim (1459–1507) der erste wirklichkeitsnahe Erdglobus.[5] Nur kurze Zeit später, zu Beginn des frühen 16. Jahrhundert, waren Erdgloben schon ziemlich verbreitet, die zumeist mit Himmelsgloben zusammen als Paar erschienen. Ausgelöst wurde diese plötzlich einsetzende Nachfrage durch die großen Erfolge der damaligen Entdeckungsfahrten und die bedeutenden Fortschritte auf dem Gebiet der Geographie, die den Erdglobus zum begehrten Vermittler neuer Information werden ließen.[6] Auf zeitgenössischen Gemälden gehörte der Globus bereits damals sowohl in die Gelehrtenstube als auch in das Kontor des Kaufmanns und das Arbeitszimmer des Diplomaten. Die Künstler gebrauchten ihn als Zeichen für die Gelehrsamkeit seines Inhabers (siehe Abb. 6.1). Gleichzeitig wies der Globus als Ausdruck der Weltläufigkeit auch auf die Bedeutung seines Besitzers hin. Deshalb verwandten ihn Fürsten und andere hohe weltliche und geistliche Würdenträger als kostbar ausgestattetes Statussymbol, das in Bibliotheken aufgenommen wurde, um den dortigen Gehalt an Bildungsgut umfassend darzustellen.

Neben der Nutzung für repräsentative Zwecke beeinflussten auch die kontinuierlichen Fortschritte auf dem Gebiet der Kartographie die Gestaltung von Erdgloben. Einen wichtigen Beitrag dazu leistete der bedeutendste Globenbauer des 16. Jahrhunderts und gleichzeitig größte wissenschaftliche Kartograph der Renaissance Gerhard Mercator (1512–1594), der 1541 einen eigenen Erdglobus mit 41 cm Durchmesser schuf.[7] Dabei verwandte er auf dem Kartenbild erstmals loxodrome Linien, die in der Folgezeit Globen als Hilfsmittel für die Navigation auf den Weltmeeren unentbehrlich werden ließen: Kurven, die sich den Polen asymptotisch näherten und dabei alle sie kreuzenden Meridiane unter dem gleichen Winkel schnitten. Ebenso wie Mercator war auch der bedeutendste Globenhersteller des 17. Jahrhundert ein Niederländer. Der aus Alkmaar stammende Willem Janszoon Blaeu (1571–1638) kopierte das Kartenbild für seine Erdgloben anfänglich noch größtenteils von Mercator, doch im Verlauf seiner Tätigkeit begann er die kartographischen Darstellungen, um neue Entdeckungen zu ergänzen.[8] Seit den achtziger Jahren des 17. Jahrhunderts übernahm der venezianische Minoritenpater und berühmteste italienische Barockkartograph Vincenzo Coronelli (1650–1718) die Führungsrolle als Globenerzeuger. Von keinem anderen Globenbauer gab es auch nur annähernd so prunkvolle Erzeugnisse mit Durchmessern von 6 bis 384 cm, die zu den Glanzstücken barocker Globenkunst zählten.[9]

Revolutionäre Auswirkungen auf die Herstellung von Erdgloben im 18. Jahrhundert hatte die 1666 erfolgte Gründung der *Académie Royale des Sciences* und der Sternwarte in Paris, die mit einer genauen Vermessung des Landes und der exakten Festlegung der Orte im Gradnetz der Erde begannen. Der bis dahin üblichen

[5] Fauser (1973), S. 14.

[6] Fauser (1973), S. 18, 28f.

[7] P. van der Krogt, Gerhard Mercators Atlas, in: Wolff (1995), S. 31.

[8] Lexikon (1986); 1. Bd., S. 200

[9] F. Wawrik, Renaissance- und Barockatlanten, in: Wolff (1995), S. 60.

Abb. 6.1. Ein Gelehrter in seinem Studierzimmer. Justus Juncker, 1754. Öl auf Eichenholz, 42 × 50 cm, Frankfurt, Städelsches Kunstinstitut, Inv.-Nr. 616, erworben 1817 mit der Sammlung Dr. Grambs. Auf diesem Bild wurde besonderes Gewicht auf die an verschiedenen Stellen stilllebenartig aufgehäuften Gegenstände gelegt, darunter auch ein Globus

Spekulation innerhalb der Kartographie wurde damit der Boden entzogen und die mathematische Exaktheit bei der Karten- und Globenherstellung angewendet.[10] So stellte der erste Direktor der Pariser Sternwarte Giovanni Domenico Cassini (1625–1712) Tabellen für die Beobachtung der Trabanten des Jupiters auf und berechnete die Umlaufzeiten von Jupiter, Mars und Venus. Erst dadurch wurde die Festlegung der genauen geographischen Länge eines Punktes im Gradnetz der Erde möglich.[11] Die geographische Breite konnte schon vorher genau bestimmt werden. Als Nullmeridian des Gradnetzes war gegen Ende des 17. Jahrhunderts die entlang des Westrandes der Insel Ferro, der westlichsten der kanarischen Inseln, verlaufende Meridianlinie am häufigsten im Gebrauch. Da aber nach der Gründung der Pariser Sternwarte alle Beobachtungen und Messungen auf ihren Standort bezogen wurden, richtete Cassini seine Karten am Meridian von Paris aus und verteidigte dieses Vorgehen mit dem Argument, dass der Längenunterschied zwischen Ferro und Paris

---

[10] Muris (1961), S. 187.
[11] Muris (1961), S. 188.

nicht mit hinreichender Genauigkeit bekannt sei.[12] Zwar stellte Cassini selbst keine Globen her, doch aufgrund seiner Neuberechnungen galten fortan die bisher hergestellten Exemplare als überholt und ungenau. Außerdem gelang es ihm, seinen aus einer angesehenen Gelehrtenfamilie stammenden Schüler Guillaume Delisle (andere Schreibweise: de L'Isle, 1675–1726) für die Herstellung von Erdgloben zu interessieren.[13]

Nachdem Delisle die astronomischen Vermessungsmethoden erlernt hatte, erschienen von ihm im Jahr 1700 ein Erd- und ein Himmelsglobus (Durchmesser 32 cm) sowie kritisch erarbeitete und auf gesicherten Quellen beruhende Karten der Erde, die zum Teil gravierende Veränderungen der bis dahin geltenden geographischen Vorstellungen zeigten.[14] Im Jahr 1720 korrigierte er den von seinem Lehrer Cassini bestimmten Längenunterschied zwischen Ferro und Paris auf genau 20 Grad. Erstmals entfernte Delisle auch die phantastischen Angaben aus Karten, die Kartenzeichner vorher benutzten, um ein aufgrund fehlender Information unvollständig wirkendes Kartenbild für den Betrachter auszuschmücken. Unter seinem Einfluss wurden die Kartendarstellungen insgesamt zunehmend sachlicher und zeigten unbekannte Gegenden als Lücken und noch zu erforschende weiße Flecken.[15] Geprägt war diese Verfahrensweise von der auf Wissen und Wissenschaft gegründeten Geisteshaltung der Aufklärung. Delisle war der einzige unter den führenden französischen Kartographen, der sich auch mit der Herstellung von Globen befasste, die aber nur geringe Verbreitung fanden.[16] Die meisten Kartographen beschäftigten sich im 18. Jahrhundert primär mit der Herstellung von Landkarten. Die Darstellung der Welt als Kugel trat im Vergleich zu früherer Zeit etwas in den Hintergrund, nicht zuletzt deshalb, weil der Globus durch die neu aufkommenden Seekarten nun nicht mehr unentbehrliches Hilfsmittel der Seefahrer war.[17]

Delisles Nachfolger hielten sich an die von ihm vorgegebene Linie in der französischen Kartographie.[18] Sie bemühten sich um Genauigkeit, verwendeten die neuesten astronomischen Meßergebnisse und ließen die noch unerforschten Gebiete der Erdoberfläche auf ihren Karten leer. Damit brachen die Gelehrten endgültig mit der bis dahin bestehenden Tradition des *horror vacui*, die soviel Verwirrung in der Geographie früherer Zeiten verschuldet hatte.[19] Als Auszeichnung und Ansporn für die wissenschaftliche Arbeit verlieh der französische König vielen von ihnen den Titel eines „königlichen Geographen" (*Géographe du Roi*). Bei zahlreichen Anhängern der Aufklärung war es populär, sich Sammlungen der modernen und neu konzi-

[12] H. Musall, Kein Atlas ohne Weltkarte: Weltkarten vom Ende des 17. bis zur Mitte des 19. Jahrhunderts, in: Wolff (1995), S. 102.

[13] Muris (1961), S. 188f.

[14] F. Wawrik, Atlanten der Aufklärung, in: Wolff (1995), S. 67f.

[15] Muris (1961), S. 189f.

[16] Fauser (1973), S. 26.

[17] Muris (1961), S. 187.

[18] Wawrik, Atlanten der Aufklärung, in: Wolff (1995), S. 68.

[19] Ebd.

pierten Karten anzulegen. Gefördert wurde diese Entwicklung dadurch, dass sich zahlreiche angesehene Kartographen gleichzeitig als Kartenhändler betätigten.[20]

6.3 Der Erdglobus des Didier Robert de Vaugondy

Für den französischen Hof in Versailles und die vornehme Gesellschaft arbeitete Didier Robert de Vaugondy (1723–1786), dessen Karten, Atlanten sowie Globen mit üppigen Rokokokartuschen in traditioneller Weise dekorativ gestaltet waren.[21] Er stammte aus einer angesehenen Familie, die bedeutende Geographen und Kartographen hervorgebracht hatte. Sein Vater Gilles Robert de Vaugondy (1688–1766) war der Urenkel des renommierten königlichen Geographen Nicolas Sanson d'Abbeville (1600–1667), des Begründers der modernen französischen Kartenproduktion.[22] Gilles Robert de Vaugondy trat wie sein Onkel Pierre Moullart-Sanson in die Fußstapfen des berühmten Vorfahren, erwarb den Nachlass Sanson d'Abbevilles und führte den auf die Produktion von Karten ausgerichteten Verlag seines Onkels weiter.[23] Der angesehene Verleger und Kartograph Gilles Robert de Vaugondy, der ebenfalls den Titel *Géographe Ordinaire du Roi* verliehen bekam, bildete seinen Sohn Didier als Kartenmacher aus. Dabei orientierten sich beide an dem gestalterischen Grundsatz, dass eine Karte schön und nützlich zugleich sein sollte, *bel et utile*.[24] Schon im Alter von 19 Jahren veröffentlichte Didier seine ersten Karten, wandte sich dann aber von der Tradition der ausschließlichen Kartenherstellung ab und versuchte sich in der Produktion von Globen.[25]

Im Jahr 1750 stellte er ein Paar kleinformatiger 6-Inch-Globen (Erd- und Himmelsglobus) her, die er dem französischen König Ludwig XV. überreichte und dessen Gefallen fanden.[26] Da dem König aber der Durchmesser zu klein erschien, beauftragte er de Vaugondy mit der Herstellung eines größeren Globenpaares für den Gebrauch in der Marine.[27] Ein Jahr später fertigte de Vaugondy ein dreimal so großes 18-Inch-Globenpaar an.[28] Es wurde von den Mitgliedern der *Académie Royale des Sciences* mit positivem Ergebnis begutachtet, woraufhin Ludwig XV. de Vaugondy

---

[20] LEXIKON (1986), 1. Bd., S. 240; J. Black, Maps and History. Constructing Images of the Past, New Haven, London 1997, S. 15.

[21] F. Wawrik, Atlanten der Aufklärung, in: WOLFF (1995), S. 68.

[22] F. Wawrik, Renaissance- und Barockatlanten, in: WOLFF (1995), S. 58.

[23] LEXIKON (1986), 2. Bd., S. 676.

[24] RÖMER (1993), S. 125.

[25] Lexikon, 2. Bd., 676.

[26] MURIS (1961), S. 210.

[27] DANNEHL (1998), S. 57f.

[28] MURIS (1961), S. 210; DANNEHL (1998), S. 57. Dannehl und Dörpinghaus geben an, dass die Größe 18-Inches (ca. 45 cm) sind. Muris und Saarmann veranschlagen die Größe des Globus auf 48 cm (vgl. MURIS (1961), S. 210). De Vaugondys Globenpaar war damit das bis dahin größte in Paris hergestellte. Zuvor gab es lediglich die 3-Fuß-Globen von Vincenzo Coronelli, deren Herstellung von der *Académie des Sciences* 1693 unterstützt worden war (vgl. DANNEHL (1998), S. 57).

mit dem Titel eines „königlichen Geographen“ auszeichnete.[29] Von dem Globenpaar wurden eine Reihe von Kopien in verschiedenen Ausführungen angefertigt, die in Subskription verkauft wurden.[30]

Der pfälzische Kurfürst Karl Theodor erwarb ein besonders prachtvoll ausgestattetes Exemplar des Globenpaares, das er zu repräsentativen Zwecken in seine private herrschaftliche Bibliothek bringen ließ.[31] Damit stand Karl Theodor in der langen geistigen Tradition, die den Globus schon seit dem 16. Jahrhundert als Symbol für Wissen, Gelehrsamkeit und Weltkenntnis begriff. Diese Demonstration von Bildungsgut vermittelte gleichzeitig den Herrschaftsanspruch des Globenbesitzers.[32]

Ein Zeugnis von diesem „herrschaftlichen Wissen“ gab auch die Titelkartusche des erhaltenen Karl-Theodor-Globus, die mit zahlreichen bildhaften Elementen verziert war.[33] Dort konnte man lesen, dass dieser Erdglobus auf Anordnung des Königs *(dressé par Ordre* DU ROI*)* und mit Genehmigung der *Académie Royale des Sciences* im August 1751 durch *Sr. Robert de Vaugondy fils* angefertigt wurde.[34] Über den Titelangaben war eine auf Wolken schwebende Frauengestalt abgebildet, die in ihrem Arm das königliche Lilienwappen hielt. Als weitere Einrahmung des Titels dienten die Bildnisse von zwei antiken Gottheiten, die programmatisch die wichtigsten Themen des Globus demonstrierten. Auf der linken Seite war der Gott des Meeres und der Seefahrt Neptun dargestellt, während auf der rechten Seite die Göttin Kybele symbolisch die Erde repräsentierte.

---

[29] Ebd.

[30] MURIS (1961), S. 210. Weltweit existieren von diesem Globustyp noch insgesamt sechs Exemplare. Eines davon befindet sich im Mannheimer Landesmuseum für Technik und Arbeit. Dabei handelt es sich um ein baugleiches, aber wesentlich weniger prachtvoll ausgestaltetes Exemplar, das offfensichtlich für den täglichen wissenschaftlichen Gebrauch in der damaligen Zeit konzipiert war (DANNEHL (1998), S. 61). Die in Kupferstich gefertigte kartographische Abbildung auf dem Mannheimer Globus ist jedoch bis auf ein im Beitrag beschriebenes Detail mit der des Karl-Theodor-Globus identisch, so dass ein direkter Vergleich der beiden Exemplare möglich war.

[31] Zu welchem Zeitpunkt der Kauf erfolgte, ist unbekannt (DANNEHL (1998), S. 59).

[32] FAUSER (1973), S. 28f.

[33] Im folgenden wird zum Beleg der Untersuchungen auf die einzelnen Bildsegmente des Globus hingewiesen. Die verwandten Bezeichnungen (p1, p2, p1*a*, p2*a*, s1–s12, s1*a*–s12*a* und h1–h8) entsprechen der nachträglich vorgenommenen Nummerierung auf den Rückseiten der originalen Kupferstiche, siehe die Faksimiles im Anhang. Sie bezeichnen die einzelnen Papierteile, aus denen sich die gesamte Globuskarte zusammensetzt (Pole und Segmente sowie den Horizontring, wobei das *a* für die Südhalbkugel steht). Vgl. s9*a*, s10*a*.

[34] Am unteren Rand fand der Name des Graveurs Guillaume De-la-Haye Erwähnung (s10*a*). Daneben gab es noch eine kleinere als barocker Rahmen gestaltete Kartusche, die Angaben enthielt, an welchem Ort der Globus hergestellt wurde (*A PARIS Chéz L'AUTEUR Quai de l'horloge du Palais*): s5*a*.

6.4 Die kartographische Abbildung der Welt

Neben seiner Funktion als Statussymbol stellte der Erdglobus außerdem die neuesten wissenschaftlichen Erkenntnisse über die Oberflächengestalt der Erde dar. Für die kartographische Erfassung der Welt war die Zeit vom Ende des 17. bis zur Mitte des 19. Jahrhunderts eine außerordentlich wichtige Periode.[35] In diesem oft so bezeichneten „Zweiten Entdeckungszeitalter“ wurden die übriggebliebenen Rätsel hinsichtlich des Küstenverlaufes der Kontinente mit Ausnahme der beiden Polarregionen durch Entdeckungs- und Forschungsreisen weitgehend gelöst. Außerdem entwickelten sich in diesem Zeitraum aufgrund der zunehmend zahlreicher und exakter werdenden astronomischen Ortsbestimmungen die Genauigkeitskriterien für die Kartenherstellung stetig weiter.[36] Wie bereits beschrieben, besaß die französische Kartographie in der Mitte des 18. Jahrhunderts durch die Gründung der *Académie Royale des Sciences* und der Pariser Sternwarte sowie geodätische Forschungen verschiedener Art eine führende Stellung. Auch unter diesem Gesichtspunkt war es nicht verwunderlich, dass der pfälzische Kurfürst seinen Erdglobus in Paris orderte, denn der Besteller konnte sicher sein, eine aktuelle und moderne Abbildung der damals bekannten Welt zu erhalten.

Obwohl der Karl-Theodor-Globus eine für die damalige Zeit einmalige Größe aufwies, musste der Hersteller in seiner Darstellung das Abbild der Erde erheblich vereinfachen, schematisieren und beschränken. Für diese in der kartographischen Wissenschaft sogenannte „Generalisierung“ verwandte de Vaugondy verschiedene gestalterische Elemente, die auf der Globuskarte einheitlich zur topographischen Veranschaulichung von Städten, Flüssen, Bergen, Küstenlinien, Grenzen und Reiserouten benutzt wurden. So waren alle Städte unabhängig von ihrer Größe oder politischen Funktion mit identischen Kreispunkten vermerkt und die Flüsse durch Linien gekennzeichnet. Die kartographische Darstellung des Reliefs der Gebirgszüge zeigte „einfache, gleichförmige Seitenansichten regelmäßiger Kuppen“.[37] Unterstützt durch eine Schraffur sollten diese Hügelzeichnungen beim Betrachter einen dreidimensionalen Eindruck erwecken. Die gleiche Art der Schraffur wurde auch bei der Abbildung der Küstenlinien verwandt, die das Land optisch von dem Meer abheben sollten.[38] Auch bei der Eintragung der Grenzsignaturen und von Reiserouten mit dünn gepunkteten Linien verwandte de Vaugondy eine klare und reduzierte Formgebung, die dem Geschmack der Zeit und dem damaligen Verlangen nach wissenschaftlicher Nüchternheit entsprach.[39]

---

[35] H. Musall, Kein Atlas ohne Weltkarte: Weltkarten vom Ende des 17. bis zur Mitte des 19. Jahrhunderts, in: Wolff (1995), S. 95.

[36] Ebd.

[37] Vgl. Imhof (1965). Diese Darstellungsart war zur Zeit de Vaugondys üblich und wurde auch in den Atlanten des 17. und des 18. Jahrhunderts verwandt (K. Brunner, Das Relief in der Atlaskartographie, in: Wolff (1995), S. 282).

[38] Im Bereich des Toten Meeres und an der Spitze Südafrikas wurden auch Unterschiede in der Meerestiefe mit feinen dicht aneinander gesetzten Punkten dargestellt (vgl. s3*a*; s3).

[39] Lexikon (1986), 1. Bd, S. 54.

Die auf dem Karl-Theodor-Globus dargestellten Umrisse der Küstenlinien ähnelten an vielen Stellen schon den auf heutigen Globen enthaltenen Konturenzeichnungen der einzelnen Kontinente. Die größten Fehler oder Lücken enthielt die Küstenliniendarstellung bei den noch weitgehend unerforschten Gebieten Australiens, Ozeaniens, Nordostasiens, Nordamerikas und beider Polarregionen.[40] Diese „weißen Flecken" behandelte de Vaugondy von der Gestaltung her unterschiedlich. Während er im Falle Nordamerikas und der Polarkreise fehlende Angaben zu dem Verlauf von Küstenlinien aussparte und nur die westliche Seite Neuseelands abbildete, versuchte er die Umrisse des australischen Kontinents zu markieren. Doch auch hier verzichtete er auf eine gänzlich spekulative Darstellung, indem er den unerforschten Teil des Küstenverlaufs der östlichen Hälfte ohne Linie und nur durch Schraffur als ungesicherte Angabe kennzeichnete.[41] Auch bei unentdeckten Gebieten im Landesinnern, wie im Fall Australiens oder Nordamerikas, wurde die Unkenntnis nicht durch fiktive topographische Eintragungen auf der Karte verdeckt.

Neben den „weißen Flecken" wies die Karte des Karl-Theodor-Globus aber eine Fülle von Eintragungen auf.[42] Durch die Verwendung von sehr feinen Kupferstichnadeln war es de Vaugondy möglich, auf kleinstem Raum eine große Anzahl von kartographischen Vermerken abzubilden. Eine besonders hohe Informationsdichte auf engster Fläche erreichte er bei den Namensangaben von Städten, Provinzen, Staaten und Regionen.[43] Die Übersichtlichkeit für den Betrachter versuchte de Vaugondy dabei zu gewährleisten, indem er bei den Bezeichnungen eine unterschiedliche Typographie und Schriftgröße verwendete. Außerdem bildeten die ausführlich gestalteten Küstenlinien und freigelassenen Gewässerflächen zusätzliche Orientierungspunkte im Kartenbild.

Durch einen Vergleich der digital restaurierten Kartensegmente des Heidelberger Karl-Theodor-Globus mit der Globuskarte des baugleichen im Mannheimer Museum für Technik und Arbeit ausgestellten Exemplars war es möglich, nicht mehr zu rekonstruierende Abschnitte und Angaben auf den Heidelberger Kartensegmenten zu ergänzen (z. Bsp. Abb. 6.2). So zeigte die Mannheimer Globuskarte vollständig den Verlauf der Ostküste Nordamerikas, die Angaben zu den Entdeckungsreisen und einige andere kleinere Kartenabschnitte in Südamerika sowie in Ostasien.[44] Der

---

[40] Vgl. s6–s10; s6*a*–s10*a*; p1, p2; p1*a*, p2*a*.

[41] Vgl. s7*a*.

[42] Wie sehr de Vaugondy bei seiner Darstellung bemüht war, den genauen Verlauf der Seefahrten wiederzugeben, zeigte sich besonders bei den Angaben zu Ansons Umsegelung Südamerikas (vgl. s11*a*, s12*a*). Dort vermerkte de Vaugondy, dass Anson an der Südspitze Südamerikas kreuzte – um Kaperfahrten an der Küste zu unternehmen (Williams (2000), S. 129–160) – und nicht direkt nach Acapulco segelte.

[43] Eine besondere Dichte erreichten diese Angaben zum Beispiel bei der Darstellung von Europa und Vorderasien (vgl. s2; s3).

[44] Vgl. Fußnote 30 auf Seite 106. Fehlende Abschnitte auf den Heidelberger Kartensegmenten: s1 (Angaben zu Entdeckungsreiserouten); s6 (Abbildung der oberhalb der Koreanischen Halbinsel gelegenen Region um die Insel Sachalin); s8 (Angaben zu Entdeckungsreiserouten); s9 (Angaben zu Entdeckungsreiserouten); s12 (Angaben zu Entdeckungsreiserouten und Abbildung der Nordostküste des nördlichen Teils Amerika); s1*a* (Angaben zu Ent-

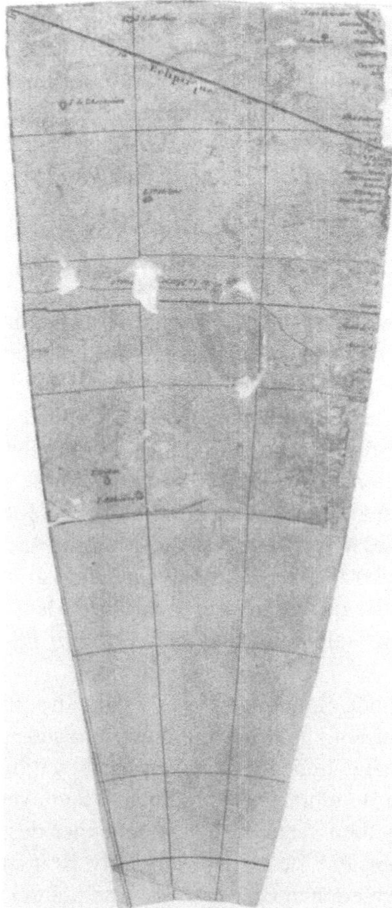

Abb. 6.2. Beim zweiten Segment der Südhalbkugel wurde der gesamte Bereich südlich des 40. Breitengrads in einer früheren Restaurierungsmaßnahme ersetzt und lediglich das Gradnetz vervollständigt

Vergleich ergab aber auch, dass die Weltkarte des Mannheimer Globus ebenfalls in verschiedenen Bereichen Beschädigungen, Verschmutzungen oder Ausbesserungen aufwies. Einige der verzeichneten Grenzlinien und die kartographischen Abbildung Marokkos, Spaniens, Dänemarks, des südlichen Teils Norwegens und der nördlichen Polarregion waren kaum noch sichtbar.[45] Auf der Mannheimer Globuskarte fehl-

deckungsreiserouten); s2*a* (Angaben zu Entdeckungsreiserouten); s12*a* (Abbildungen von Teilen des Landesinneren Südamerikas).

45 Grenzlinien: Vgl. s3. Die Ostgrenze des Heiligen Römischen Reiches Deutscher Nation (lt. de Vaugondy: Allemagne) und Preußens waren auf dem Mannheimer Globus nicht mehr zu erkennen. Vgl. auch Grenzlinien auf s5; s11. Übrige fehlende Abbildungen: Vgl. s2; p1; p2. Außerdem wies die Mannheimer Globuskarte teilweise Flecken auf, so dass die auf

ten zudem drei originale Kartensegmente, welche die nördliche Pazifikregion abbildeten.[46] Sie waren nachträglich durch Kartenabschnitte ersetzt worden, auf denen nur die Umrisse der ursprünglich vermerkten Küstenlinien, Inseln und Reiserouten mit Tusche nachgezeichnet waren. Mit Hilfe der entsprechenden Heidelberger Kartensegmente konnten die ursprünglich vermerkten Angaben auf der Mannheimer Globuskarte rekonstruiert und alle Abschnitte der Weltkarte de Vaugondys in ihrer Gesamtheit wieder sichtbar gemacht werden.

6.5 Die vermerkten Entdeckungsreisen

Wie sehr de Vaugondy bestrebt war, auf seinem Globus die neuesten Erkenntnisse über die Erforschung der Welt wiederzugeben, dokumentierte er insbesondere mit der Eintragung der Routen von Entdeckungsreisen. Dabei wurden von dem Verfasser nur Entdeckungsfahrten zur See abgebildet. Denn der große Aufschwung, den die Entschleierung der Erde im 18. Jahrhundert erlebte, beruhte vor allem auf der Durchführung von bedeutenden See-Expeditionen.[47] Diese meist von staatlicher Seite organisierten und finanzierten Reisen bewirkten eine fortlaufende Verbesserung der kartographischen Messergebnisse, da die Messungen auf See leichter zu bewerkstelligen waren. Außerdem wurde dabei auch eine größere Sorgfalt an den Tag gelegt, denn ungenaue oder nachlässig durchgeführte Messresultate gefährdeten die Sicherheit des Vermessers selbst, da sich dessen Schiff bei der Navigation danach richtete.[48]

Bei den auf dem Globus eingetragenen und teilweise mit Jahreszahlen versehenen Entdeckerrouten wurden zur Kennzeichnung entweder der Name des Schiffes oder der des Seefahrers angegeben. Diese Vermerke waren üblich und wurden auf vielen Karten des 18. Jahrhunderts vorgenommen.[49] Zum Verständnis der recht oberflächlich wirkenden Angaben setzte der Kartenmacher das Hintergrundwissen des Betrachters voraus. Insgesamt stellte de Vaugondy Routen mit gepunkteten Linien dar, die mit drei verschiedenen Entdeckungsgeschichten verbunden waren (siehe Abb. 6.4 und Abb. 6.5).

Die längste vermerkte Seefahrt war die des britischen Admirals George Anson (siehe Abb. 6.3).[50] Die Route führte von den Britischen Inseln aus über Madeira um Kap Hoorn bis zur Stadt Acapulco.[51] Von dort ging sie quer über den Pazifischen Ozean bis an den asiatischen Kontinent zur portugiesischen Besitzung Macao. Hintergrund dieser Fahrt war der englisch-spanische Krieg, der 1739 vornehmlich über maritime Interessen zwischen Spanien und der aufstrebenden Weltmacht England

---

dem Heidelberger Kartensegment s4 dargestellten Inseln und Gewässertiefen nicht mehr klar sichtbar waren.

[46] Vgl. s8; s9; s10.

[47] A. Scheuerbrandt, Die Entdeckungen und Forscherreisen bis zum Beginn des 19. Jahrhunderts, in: Römer (1993), S. 41.

[48] Ebd.

[49] Vgl. Abbildungen und Karten in: Wolff (1995), Römer (1993).

[50] Vgl. Williams (2000).

[51] Vgl. s2; s1; s1*a*; s12*a*; s11*a*; s10–s6.

Abb. 6.3. Admiral George Anson (1697–1762). Porträtiert von Sir Joshua Reynolds um 1745. National Maritime Museum, Greenwich, London

ausbrach.[52] Die Unternehmung Ansons in den Jahren 1740–1744 diente vor allem dazu, die spanische Seeherrschaft zu brechen und die ertragreichen spanischen Handelsrouten im Pazifik zwischen Manila und Peru sowie an der Westküste Amerikas zu stören.[53] Mit einer Flotte von acht Kriegsschiffen unter dem Kommando Ansons wurde die Kaperfahrt eine der erfolgreichsten in der britischen Geschichte. Anson startete am 18. September 1740 von der englischen Küste und durchquerte die an der Südspitze Südamerikas gelegene Meeresstraße Le-Maire im März 1741.[54] In den Jahren 1741–1742 kaperte er erfolgreich einige spanische Schiffe, bevor er am 6. Mai 1742 von der mexikanischen Küste zu den Marianen-Inseln und weiter nach Tinian segelte.[55] Von dort ging die Reise dann nach Macao. In den philippinischen Gewässern gelang ihm der Coup, die reich beladene spanische Galeone *Nuestra Señora de Covadonga* aufzubringen, deren Schätze sich auf den Wert von rund 400000 Pfund Sterling beliefen.[56] Diese größte, als „Prise aller Ozeane" bezeichnete Schatzgaleone unternahm jährlich vollbeladen mit peruanischem Silber

[52] Williams (2000), S. 17.
[53] Ebd., S. 20.
[54] Ebd., S. 51–70.
[55] Ebd., S. 129–180.
[56] Ebd., S. 196–200.

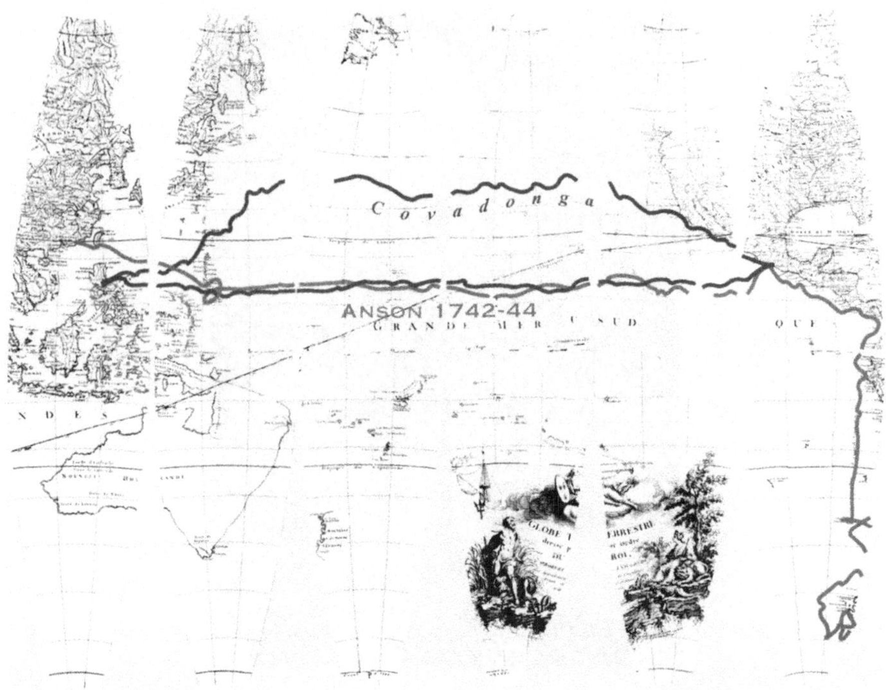

Abb. 6.4. Die Entdeckungsreise von Admiral George Anson und die Route der spanischen Galeone *Covadonga*

die Seereise von Acapulco in Mexiko nach Manila auf den Philippinen.[57] Die Route der Galeone mit dem genauen Verlauf ihrer Hin- und Rückfahrt zwischen Acapulco und Manila wurde von de Vaugondy ebenfalls auf seiner Globuskarte vermerkt.[58] Mit reicher Beute, darunter zahlreichen bisher geheimgehaltenen spanischen Seekarten, fuhr Anson über das Kap der Guten Hoffnung nach England, wo er am 15. Juni 1744 nach einer Reise von drei Jahren und neun Monaten in Spithead wieder ankam.[59] Der an Informationen und neuen Erkenntnissen reiche Reisebericht Ansons wurde 1749 veröffentlicht und übte auf nachfolgende Fernfahrten zur See beträchtlichen Einfluss aus. Ab diesem Zeitpunkt wurde es allgemein üblich, nach Rückkehr von einer Expedition mit der Veröffentlichung ihrer Ergebnisse zu beginnen, so dass die Geheimhaltung von Erkenntnissen und darauf fußenden Karten bald der Vergangenheit angehörte.[60] Die Berücksichtigung der zwei Jahre vor Fertigstellung des Globus publizierten Informationen im Reisebericht Ansons bewies auch, wie ungewöhnlich aktuell die Angaben zur damaligen Zeit wirkten und umgesetzt wurden.

---

[57] Ebd., S. 12.

[58] Vgl. s6–s11.

[59] Williams (2000), S. 225–244.

[60] A. Scheuerbrandt, in: Römer (1993), S. 42.

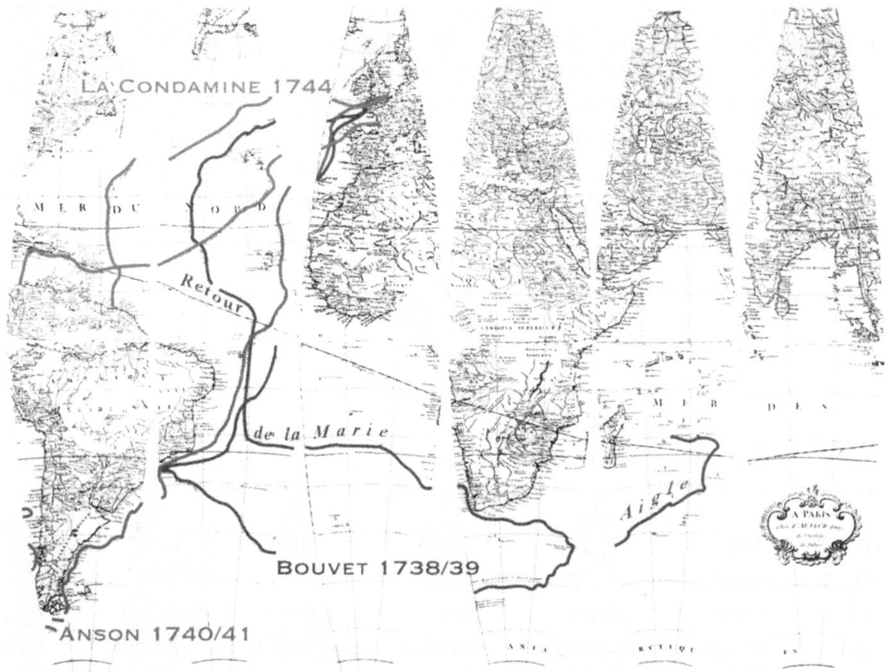

Abb. 6.5. Die Reisen von Bouvet mit den Schiffen *Marie* und *Aigle* sowie der erste Teil der Reise von Anson und die Reise zum Amazonas von La Condamine

Als weiteren thematischen Schwerpunkt bei seiner Darstellung von Entdeckungsreisen vermerkte de Vaugondy die Unternehmung des aus St. Malo stammenden Kapitän der französischen Indienkompanie, Jean-Baptiste Charles Bouvet de Lozier (1705–1786).[61] Die angegebenen Reiserouten der beiden Schiffe Bouvets führten 1738 von Frankreich aus über Madeira zunächst nach Südamerika und danach weiter nach Osten. Nach Trennung der Schiffe hinter Afrika im Indischen Ozean steuerte die *Marie* wieder die französische Küste an, während die *Aigle* die damals französische Insel Mauritius (*Ile de France*) erreichte.[62] Bei dieser primär wissenschaftlichen Unternehmung wurden auch praktische Ziele verfolgt, wie die Suche nach neuen Zwischenstationen für Schiffe auf dem Weg in den Indischen Ozean. Das Hauptziel war allerdings die Suche nach einem im Süden vermuteten Kontinent – der *Terre de Gonneville*.[63] Auf ihrer Fahrt von Südamerika nach Osten stießen die beiden Schiffe ab dem 15. Dezember auf zwei- bis dreitausend Fuß hohe Eisberge mit bis zu drei Meilen Umfang. Der am 1. Januar 1739 auf 54 Grad Süd gesichtete Landstrich, von

---

[61] Römer (1993), S. 128f. Diese Entdeckungsfahrt war schon auf einer 1743 erschienenen Weltkarte von Robert de Vaugondy abgebildet worden (ebd.).

[62] Vgl. s2; s1; s1*a*–s4*a*.

[63] Römer (1993), S. 129.

Bouvet *Cap de la Circoncision* getauft, war trotz des sonst herrschenden Südsommers mit Schnee und Eis bedeckt. Was Bouvet für ein Kap des vermuteten Südkontinents hielt, konnte wegen der fehlerhaften Längenbestimmungen erst ab Ende des 19. Jahrhunderts näher bestimmt werden. Es handelte sich dabei um die kleine unbewohnte, später nach ihrem Entdecker benannte Bouvet-Insel im Südatlantik.[64] Die Angaben Bouvets zu dieser Entdeckung vermerkte de Vaugondy wissenschaftlich genau, indem er lediglich die sehr kurze gesichtete Küstenlinie auf seiner Globuskarte darstellte.[65]

Eine weitere auf dem Globus angegebene Reiseroute führte von Frankreich über die karibischen Inseln zur Küste des spanischen Vizekönigreichs Neu-Granada in Südamerika.[66] Laut Angabe de Vaugondys handelte es sich hierbei um eine Expedition der *Académie Royale des Sciences de France en Amérique* im Jahr 1735, die von deren Mitgliedern Pierre Bouguer (1698–1758) und Charles-Marie de La Condamine (1701–1774) unternommen wurde.[67] Mit der Besteigung des spanischen Throns durch den Bourbonen Philipp V. erhielt Frankreich die Möglichkeit, Wissenschaftler nach Spanisch-Amerika zu entsenden, das zuvor für Ausländer praktisch verschlossen gewesen war.[68] Zwischen den Jahren 1707 und 1712 forschte Louis Feuillée (1660–1732), ein Schüler Cassinis, mit königlichem Auftrag in Chile und Peru, dem 1712 bis 1714 der königliche Ingenieur Amédée-François Frézier (1682–1773) folgte.[69] Zwei Jahrzehnte später von 1736 bis 1742 führten dann die Mitglieder der Pariser Akademie Bouguer und La Condamine zur Bestimmung der Erdgestalt im Hochland von Quito Gradmessungen sowie andere geographische Untersuchungen durch. Den Abschluss und wissenschaftlichen Höhepunkt der Forschungsreise bildete die Aufnahme des Amazonaslaufes durch La Condamine im Jahr 1744, dessen Rückweg vom niederländischen Gebiet Surinam nach Europa auf der Globuskarte verzeichnet wurde.[70]

Der Vergleich mit dem Mannheimer Exemplar des Globus ermöglichte es, die fast nicht mehr lesbaren Vermerke zum Hinweg zu erkennen. Auffallend war hierbei ein Unterschied bei der Angabe zur Reiseroute. Während auf dem Mannheimer Globus der Name La Condamine genannt wird, enthält der Karl-Theodor-Globus nur den Vermerk, dass Mitglieder der königlichen Akademie die Reise unternahmen. Da beide Schriftzüge als Kupferstich angefertigt wurden, dürfte es sich hier um eine von

---

64 Ebd.

65 Vgl. s3*a*. Leider war es nicht mehr möglich, diese Küstenlinie auf dem Kartensegment zu erkennen (vgl. Abb. 6.2). Nur durch den Vergleich mit dem im Mannheimer Landesmuseum für Technik und Arbeit ausgestellten baugleichen Exemplar des Globus konnte diese Angabe de Vaugondys nachgewiesen werden.

66 Vgl. s2; s1; s12.

67 Ebd.; DÖRFLINGER (1981), S. 43.

68 Ebd.

69 Ebd.

70 Vgl. s12; s1; s2. Die nicht mehr vollständig lesbaren Angaben auf dem Karl-Theodor-Globus konnten mit Hilfe des Mannheimer Exemplars rekonstruiert werden. De Vaugondy berücksichtigte auf seiner Karte ebenfalls die nur sechs Jahre alten Forschungsergebnisse La Condamines über den Lauf des Amazonas (s12*a*; s1*a*).

de Vaugondy nachträglich vorgenommene Verbesserung der Globuskarte gehandelt haben. Ein möglicher Grund für diese Änderung ergab sich aus der Tatsache, dass La Condamine auf der Hinreise von Pierre Bouguer begleitet wurde, aber alleine nach Frankreich zurückkehrte, da er noch Zeit benötigte, den Lauf des Amazonas zu kartieren.[71] Bei der Angabe zum Rückweg (*Retour*) der Expedition nach Europa im Jahr 1744 nannte de Vaugondy auf beiden Globuskarten nur den Namen La Condamines.[72] Diese Tatsache sprach dafür, dass eine der beiden Globuskarten von de Vaugondy nachträglich geändert wurde – möglicherweise aufgrund eines Protestes des Akademiemitgliedes Bouguer, der seinen Anteil an der Expedition wenigstens indirekt berücksichtigt sehen wollte.

6.6 Karteninformationen – Historische und politische Aspekte

Sowohl die vermerkten Entdeckungsfahrten als auch die detaillierte Grenzdarstellungen zeigten, dass die Globuskarte neben den rein geographischen Angaben auch politische und historische Informationen besonders berücksichtigte. Damit entsprach de Vaugondy dem damals verbreiteten Interesse der Benutzer.[73] Er vermerkte von ihrer Art her sehr unterschiedliche Grenzen auf seiner Karte und verwandte zu ihrer Darstellung dieselbe Punktsignatur. Diese unterschiedslose Einteilung aller Gebietseinheiten war durch die Mitte des 18. Jahrhunderts in Europa vorherrschende Vorstellung von einer territorial genau definierten politischen Grenze geprägt.[74] So versah de Vaugondy den noch unerforschten Kontinent Australien mit dessen fehlender territorialer Zugehörigkeit nicht mit Grenzangaben.[75] Dagegen teilte er die ihm besser bekannten übrigen Kontinente durch Grenzziehungen vollständig auf, so dass der Eindruck beim Betrachter entstand, alle Gebiete seien durch klare Grenzen voneinander getrennt.

Für Europa wurden die Mitte des 18. Jahrhunderts bestehenden staatlichen Grenzen Frankreichs, der Schweiz, der Vereinigten Niederlande, Spaniens, Portugals, Ungarns, Polens, Preußens, Schwedens, Norwegens und Dänemarks abgebildet.[76] Außerdem verzeichnete de Vaugondy das *Allemagne* genannte Territorium des „Heiligen Römischen Reiches Deutscher Nation".[77] Bei der Darstellung anderer Gebietseinheiten wurde diese nach rein staatlich-territorialen Aspekten vorgenommene Art der Grenzziehung aufgegeben. Die territorial zersplitterte italienische Halbinsel wurde aufgrund des kleinen Maßstabes insgesamt als *Italie* vermerkt.[78] Bei Staaten, die sich

[71] DÖRFLINGER (1981), S. 43.

[72] Vgl. s12 und das entsprechende Kartensegment des Mannheimer Exemplars.

[73] M. Heinz, Die Atlanten der süddeutschen Verlage Homann und Seutter (18. Jahrhundert), in: WOLFF (1995), S. 90; BLACK, Maps and Politics (1997), S. 122–128.

[74] Ebd., S. 130.

[75] Vgl. s6*a*; s7*a*.

[76] Vgl. s2; s3.

[77] Vgl. ebd.

[78] Vgl. ebd.

über zwei Kontinente erstreckten, traf de Vaugondy eine sorgfältige Unterscheidung. So bezeichnete er den westlichen bis ungefähr zum heutigen 45. Längengrad reichenden Teil des Russischen Reiches als *Russie Européenne.*[79] Ebenso verfuhr er mit dem Gebiet des Osmanischen Reiches auf dem Balkan, das er *Turquie d'Europe* nannte.[80] Die auf dem asiatischen Kontinent gelegenen Teile der beiden Reiche wurden als *Russie Asiatique* und *Turquie d'Arabie* bezeichnet.[81] Obwohl hier eine übergreifende Einteilung vorgenommen worden war, gliederte de Vaugondy die Herrschaftsgebiete Rußlands und der Osmanen noch einmal in verschiedene Verwaltungsregionen, die er im Falle Rußlands zum Teil als *Province* bezeichnete.[82]

Andere durch Grenzen getrennte Territorien in Asien wurden „Staat" (z. Bsp.: *État du Dalai-Lama*) oder „Königreich" (z. Bsp.: *Royaume des Eleuths*) genannt.[83] Neben dem Osmanischen und Russischen Reich waren auch die anderen größeren Herrschaftgebiete und Einflußsphären Persiens, Chinas sowie des Mogulreiches in verschiedene Territorien unterteilt worden.[84] Der Name des jeweiligen Staates wurde in etwas größerer gesperrter Schrift quer über diese ebenfalls namentlich bezeichneten Gebiete gesetzt. Selbst entlegene und dünn besiedelte Regionen in Südostasien waren von de Vaugondy mit Grenzdarstellungen versehen worden.

Ebenso wie Asien hatte er auch den afrikanischen Kontinent[85] vollständig in voneinander abgegrenzte Gebiete aufgeteilt, obwohl das Landesinnere nur teilweise erforscht war. Dabei verzeichnete de Vaugondy Grenzen von afrikanischen Herrschaftsgebieten (z. Bsp.: *Abissinie, Monomatapa, Congo*) und Königreichen (z. Bsp.: *Royaume de Maroc*). Außerdem waren auf der Karte verschiedene Namen mit geographischer Bedeutung für Wüstenregionen (z. Bsp.: *Sahara Desert de Barbarie*) angegeben.

Die auf dem Globus abgebildete Landmasse des amerikanischen Kontinents[86] war ebenfalls durch Grenzen vollständig aufgeteilt worden. In Südamerika zog de Vaugondy eine Grenze mitten durch den Regenwald des Amazonasgebiets, um das im portugiesischen Besitz befindliche Gebiet *Brésil* (Brasilien) zu kennzeichnen.[87] Auch die Grenzen und Namen der einzelnen Verwaltungsregionen – den sogenannten „Kapitanien"[88] – dieser Kolonie Portugals wurden auf der Karte eingetragen. Sofort erkennbare territorialpolitische Aussagen verbanden sich mit den eingetragenen

[79] Vgl. s3 – Schrift hochkant am rechten oberen Rand des Segments.
[80] Vgl. ebd.
[81] Vgl. s3–s7.
[82] Vgl. ebd.
[83] Vgl. s5.
[84] Vgl. s3–s7.
[85] Vgl. s2, s3, s4, s3*a*.
[86] Vgl. s10–s12, s11*a*, s12*a*, s1*a*.
[87] Der Verlauf entspricht in etwa der ungefähren Abgrenzung der spanisch-portugiesischen Interessenbereiche Ende des 16. Jahrhunderts (WELTATLAS (1981), S. 44, Karte *Das koloniale Südamerika 16.–18. Jh.*).
[88] Die Einteilung der ersten Kapitanien des Vizekönigreichs Brasilien erfolgte durch König Johann III. von Portugal im Jahre 1532 (vgl. ebd).

Bezeichnungen *Hollandoise* und *Françoise* für den niederländischen beziehungsweise französischen Besitz in Guayana. Das spanische Gebiet in Amerika war wie Brasilien in viele verschiedene Einheiten eingeteilt und mit den drei in gesperrter Schrift gesetzten übergeordneten Namen *Chili*, *Perou* sowie *Mexique* versehen worden. In Nordamerika bezeichnete das durch Grenzlinien abgetrennte Territorium *Louisiane* den französischen Besitz und Einflussbereich.[89] Ohne zusätzliche Grenzdarstellungen blieben Namensangaben in kleinerer Schrift, die auf Siedlungsgebiete verschiedener Indianerstämme verwiesen (z. Bsp.: *Apaches, Sioux de l'ouest, Sioux de l'est*). Doch auch bei der kartographischen Abbildung des amerikanischen Kontinents mischte de Vaugondy politische und geographische Angaben. So bezeichnete er Landstriche, die sich noch nicht unter der Kontrolle eines Staates befanden, mit einem übergeordneten Namen in größerer Schrift (z. Bsp.: *Terres Magellaniques*) und teilte sie durch fiktive Grenzen ein.

Kennzeichnend für die gesamte Grenzdarstellung auf der Globuskarte war die aufgrund der gleichen Darstellungsmethode erfolgte Vermischung von Staats-, Provinz-, Regionen- und geographischen Grenzen.[90] Außerdem wurden Einflusssphären, die aus heutiger Sicht damals nicht genau begrenzt werden konnten, als klar umrissene Territorien mit genauen Grenzangaben abgebildet. Wie die ausführlich gestalteten Küsten und Gewässer verwandte de Vaugondy auch die Grenzdarstellungen als zusätzliche Orientierungspunkte auf dem Kartenbild und bediente damit gleichzeitig das politische Interesse der Betrachter.

De Vaugondy war bestrebt, dem Benutzer der Globuskarte möglichst viele Informationen zu bieten. An dieser Absicht des Herstellers zeigte sich, dass Globen zur damaligen Zeit keine reinen Schaustücke waren, die ausschließlich der fürstlichen Repräsentation dienten. Die Globuskarte sollte Kenntnisse vermitteln beziehungsweise Wissenslücken ausfüllen, obwohl dadurch zum Teil die Übersichtlichkeit und Lesbarkeit beeinträchtigt wurde. Die Verunklärung zeigte sich besonders an der ungeheuren Dichte von Ortseintragungen auf der Karte. De Vaugondy vermerkte selbst kleinste Ortschaften in entlegenen Regionen und verwendete dabei ausschließlich französische Toponyme. Mit diesen detaillierten Angaben führte er dem Betrachter auch den Wissensstand der französischen Kartographie vor Augen. Ein weiterer Beleg für das Bemühen, dem Kartenleser zu vermitteln, dass dieser über die bestehenden Verhältnisse auf der ganzen Welt umfassend informiert werde, zeigte sich an einer Angabe de Vaugondys zur Darstellung Afrikas. Das als *Ethiopie Supérieure* bezeichnete Gebiet in Zentralafrika war zwar geographisch nicht erforscht, doch der Globushersteller wollte den „weißen Fleck“ auf der Landkarte mit einer Information

[89] Die eingezeichnete Grenze stimmt in ihrem Verlauf ungefähr mit den heutigen Angaben in Geschichtsatlanten überein (vgl. ebd., 30, Karte *Die koloniale Ausbreitung der europäischen Mächte 1700–1815*).

[90] Die Genauigkeit bei der Darstellung von Grenzverläufen war zur Zeit de Vaugondys noch nicht sehr hoch. Erst gegen Ende des 18. Jahrhunderts wurden Karten in dieser Hinsicht verlässlicher (Heinz, Die Atlanten der süddeutschen Verlage Homann und Seutter (18. Jahrhundert), in: WOLFF (1995), S. 90).

ausfüllen.[91] Deshalb berichtete de Vaugondy über die politischen Beziehungen des Königreiches von Macoco zu seinen Nachbarn – der Globus enthielt die Nachricht, dass sich einer der Nachbarn immer im Krieg mit diesem befinde („... *toujours en guerre avec le Macoco*") und dass das Land von dem benachbarten *grand Roi de Gingiro* besucht worden sei, „...*qu'on dit être allié du grand Macoco*".[92]

Der Versuch, noch unerforschte Weltgegenden mit erläuternden Angaben auf der Karte auszufüllen, zeigte sich auch deutlich am Beispiel des Kontinents Australien, bei dem de Vaugondy nur den ungefähren Verlauf der Küste verzeichnen konnte. In bezug auf die noch weitgehend unerforschten Weiten des südlichen Pazifik regte der Globushersteller die Phantasie der Betrachter an, indem er durch verschiedene Angaben[93] wiederholt auf das mögliche Vorhandensein eines großen, ökonomisch und strategisch nutzbaren Südkontinents hinwies.[94] So hatte de Vaugondy den kurzen Küstenabschnitt der Entdeckung Bouvets auf der Globuskarte verzeichnet. In der Darstellung Neuseelands fehlten die Küstengrenzen im Osten, so dass die Ausdehnung der Landmasse unklar blieb.[95] Außerdem vermerkte er die Entdeckungen von Land durch die Seefahrer Quiros und Davis im südlichen Pazifik auf der Karte. Diese damals zum neuesten Wissenstand gehörenden Informationen waren dafür mitverantwortlich, dass in späteren Jahren Expeditionen zur Suche nach einem Südkontinent ausgesendet wurden.[96]

De Vaugondy versuchte auf seiner Globuskarte neben geographischen Informationen auch Hinweise zu geben, die für politische und strategische Fragestellungen wichtig waren. Die Angaben zu den Herrschaftsgebieten auf der Erde, den zwischenstaatlichen Beziehungen in Zentralafrika, der möglicherweise noch ausstehenden Entdeckung eines Südkontinents und der Darstellung von Ansons Kaperfahrt zur Zeit des englisch-spanischen Krieges führten dem Betrachter der Karte politische Verhältnisse vor Augen. Bei der Auswahl dieser Aussagen mit politischem Gehalt bewahrte de Vaugondy wissenschaftliche Objektivität. Obwohl sein Auftraggeber der König von Frankreich war, würdigte de Vaugondy auf der Karte am ausführlichsten die Fahrt des Engländers Anson, der die französische Flotte bei Kap Finisterre im Jahre 1747 besiegt hatte.[97] Die Karte enthielt keine Andeutungen über den sich anbahnenden Konflikt zwischen den Rivalen England und Frankreich im Siebenjährigen

91 Vgl. s3.

92 Auf der Karte „Afrika von 1500 bis 1800" des Putzger-Atlasses sind in dieser Region keine gleich- oder ähnlich lautenden Angaben über die von de Vaugondy erwähnten afrikanischen Staatsgebilde zu finden (Putzger. Historischer Weltatlas, hrsg. von P. C. Hartmann, 103. Auflage, Berlin 2001, S. 150. Vgl. auch: WELTATLAS (1981), S. 18, Karte „Afrika um 1600").

93 Vgl. s2*a*; s8*a*; s9*a*; s10*a*; s11*a*.

94 Den wissenschaftlichen Nachweis, dass ein Südkontinent nicht existierte, erbrachte erst James Cook auf seiner zweiten Erdumsegelung (1772–1775).

95 Durch die Umfahrung der Doppelinsel von James Cook im Jahre 1770 wurde jenen Hypothesen, nach denen der von Tasman 1642/43 entdeckte Abschnitt Neuseelands einen Teil des Südkontinents bilden sollte, jede Grundlage entzogen (DÖRFLINGER (1981), S. 46).

96 Ebd., S. 47.

97 WILLIAMS (2000), S. 247f.

Krieg. Erst nachdem diese Auseinandersetzung um die weltpolitische Vorherrschaft mit dem Frieden von Paris 1763 beendet war, begann die zweite große Welle der Weltumsegelungen, die neue geographische Erkenntnisse mit sich brachte.[98] Die Globuskarte de Vaugondys war eine der letzten, die noch vor dieser neuen Phase der Erschließung der Erde angefertigt wurde.

6.7 Schlussbemerkung

Nach dem Verkauf konnte der Karl-Theodor-Globus von seinem Eigentümer für repräsentative, wissenschaftliche und politische Belange genutzt werden. Schon zur Zeit der Renaissance dienten Globen als Statussymbole, die herrschaftliches Wissen, Bildung und Weltgewandtheit vermittelten. Im 17. Jahrhundert erhöhte sich die wissenschaftliche Genauigkeit bei der Kartendarstellung deutlich und wurde zu einem Qualitätsmerkmal für Käufer von Globen. Außerdem unterlag der Gebrauch und die Gestaltung von Globuskarten seit Mitte des 18. Jahrhunderts zunehmend politischen Absichten.[99]

Während des sogenannten „Zweiten Entdeckungszeitalters", das vom Ende des 17. bis zur Mitte des 19. Jahrhunderts reichte, wurden immer mehr Gebiete der Welt erforscht und unter europäischen Mächten aufgeteilt. Diese Entwicklung beeinflusste Kartographen, die parallel zu ihr damit begannen, die abgebildete Erdoberfläche durch die Einzeichnung von Grenzen einzuteilen.[100] Bei der Grenzdarstellung wurde jedoch nicht zwischen verschiedenen Grenzarten unterschieden, da den Kartenherstellern als Voraussetzung für eine solche Differenzierung noch die kartographische Technik fehlte.[101] Das zeigte auch die Globuskarte de Vaugondys, die mit ihren für die damalige Zeit typischen Rauminformationen und Raumbildern versuchte, die vorgegebene Wirklichkeit abzubilden.

Der Betrachter des Globus sollte das Gefühl erhalten, die Erde zum größten Teil zu kennen und über erfolgte sowie bevorstehende Entdeckungen informiert zu werden. Hier wurde die Phantasie angeregt, etwa bei der Suche nach dem imaginären Südkontinent und dem Verlangen, alle noch „weißen Flecken" auf der Karte auszufüllen. Dem Anliegen nach Information und den weltpolitischen Interessen seines königlichen Auftraggebers suchte de Vaugondy mit seiner Kartendarstellung gerecht zu werden. Gleichzeitig zeigte sich sein Bemühen um wissenschaftliche Gründlichkeit bei der Beschränkung der Karteninformationen auf gesichertes Wissen sowie dem Versuch einer übersichtlichen und einheitlichen Kartengestaltung. Dem Betrachter sollte ein möglichst genauer und aktueller Überblick zum Stand des Wissens über die Erforschung der Welt geboten werden.

Die gelungene digitale Restaurierung der Weltkarte des Karl-Theodor-Globus machte es möglich, die exakten Details der kartographischen Abbildung sichtbar

---

[98] Dörflinger (1981), S. 47.
[99] Vgl. Black, Maps and Politics (1997), S. 125, S. 127.
[100] Ebd., S. 122, S. 127f, S. 130.
[101] Ebd., S. 125.

werden zu lassen. Durch den vorgenommenen Vergleich mit der Mannheimer Globuskarte konnten noch fehlende Karteninformationen wechselseitig ergänzt und die Genauigkeit der digitalen Restaurierung überprüft werden. Damit wurde der historischen Forschung eine seltene ikonographische Quelle wieder zugänglich gemacht. Die Karte auf dem Globus zeigte die damals bekannte Welt und den Mitte des 18. Jahrhunderts erreichten Fortschritt in der kartographischen Wiedergabe von Räumen. Außerdem verriet das Kartenbild etwas über die politischen Einflüsse, denen es zum Zeitpunkt seiner Entstehung unterworfen war.

Literatur

[Black, Maps and History (1997)] Black, J., Maps and History. Constructing Images of the Past, New Haven, London 1997.

[Black, Maps and Politics (1997)] Black, J., Maps and Politics, London 1997.

[Dannehl (1998)] Dannehl, J., Dörpinghaus, H. J., Der Heidelberger Karl-Theodor-Globus in den Sammlungen der Universitätsbibliothek Heidelberg, in: Theke. Informationsblatt der Mitarbeiterinnen und Mitarbeiter im Bibliothekssystem der Universität Heidelberg, Ausgabe 1998, S. 55–61.

[Dörflinger (1981)] Dörflinger, J., Die Erforschung der Erde und ihr kartographischer Niederschlag im Zeitalter der Aufklärung – Grundzüge und Marksteine, in: G. Klingenstein (Hg.), Europäisierung der Erde? Studien zur Einwirkung Europas auf die außereuropäische Welt (Wiener Beiträge zur Geschichte der Neuzeit, Bd. 7), München 1981, S. 39–54.

[Fauser (1973)] Fauser, A., Kulturgeschichte des Globus, München 1973.

[Weltatlas (1981)] Großer Historischer Weltatlas, hrsg. vom Bayerischen Schulbuchverlag, Bd. 3 Neuzeit, 4. Auflage, München 1981.

[Imhof (1965)] Imhof, E., Kartographische Geländedarstellung, Berlin 1965.

[Lexikon (1986)] Lexikon zur Geschichte der Kartographie. Von den Anfängen bis zum ersten Weltkrieg, bearb. von I. Kretschmer, J. Dörflinger und F. Wawrik, 2 Bde, Wien 1986.

[Muris (1961)] Muris, O., Saarmann, G., Der Globus im Wandel der Zeiten. Eine Geschichte der Globen, Berlin und Beutelsbach 1961.

[Putzger (2001)] Putzger. Historischer Weltatlas, hrsg. von P. C. Hartmann, 103. Auflage, Berlin 2001.

[Römer (1993)] Römer (Hg.), G., Imago Mundi Moderna: Weltkarten des Zweiten Entdeckungszeitalters; eine Ausstellung der Badischen Landesbibliothek; Ausstellungskatalog, bearb. v. I.-A. Bergs, H. Musall, J. Neumann, Karlsruhe 1993.

[Williams (2000)] Williams, G., Der letzte Pirat der britischen Krone. Captain Anson und der Fluch des Meeres, Berlin 2000.

[Wolff (1995)] Wolff (Hg.), H., Vierhundert Jahre Mercator. Vierhundert Jahre Atlas. „Die Ganze Welt zwischen zwei Buchdeckeln". Eine Geschichte der Atlanten, Weissenhorn 1995.

A

Faksimiles

Die originalen Papiersegmente, die auf der Pappmaché-Kugel aufgeleimt waren, sind auf der Rückseite fortlaufend durchnummeriert. Diese Nummerierung stammt mit hoher Wahrscheinlichkeit von demjenigen, der die papierenen Originale von der Kugel abgenommen hat.

Die digitalen Dateien wurden mit den Buchstaben s (für Segment) respektive p (für Pol) gekennzeichnet und entsprechend nummeriert. Diese Nummerierung beginnt mit einem Segment im Nordatlantik und wird nach Osten fortlaufend hochgezählt. Der Zusatz *a* kennzeichnet das angrenzende Segment auf der Südhalbkugel beziehungsweise die südlichen Polkappen.

Jedes einzelne Segment stellt 30 Längengrade dar, so dass mit zwölf Segmenten 360 Grad überstrichen werden können. Sie reichen jeweils vom Äquator bis zur nördlichen respektive südlichen Breite von 70 Grad. Hier grenzen dann jeweils die beiden halbkreisförmigen Polkappenteile an, die die restlichen 20 Breitengrade bis zu den Polen enthalten.

In enger Zusammenarbeit mit Jens Dannehl, Restaurator der *Universitätsbibliothek Heidelberg*, wurde die digitale Reinigung in der Arbeitsgruppe Visualisierung und Numerische Geometrie des *Interdisziplinären Zentrums für Wissenschaftliches Rechnen der Universität Heidelberg* durchgeführt. Die dafür von Jens Dannehl und Susanne Krömker gemeinsam erarbeiteten Vorgaben wurden von Elfriede Friedmann und Alexander Dressel mit Hilfe von eigens entwickelter Software umgesetzt.

A.1 Segmente der Nordhalbkugel

Beginnend mit einem Segment des Nordatlantik setzt sich die Folge nach Osten fort, so dass zwischen den Segmenten s1 und s2 der Nullmeridian verläuft, der deutlich hervorgehoben am linken Rand des zweiten Segments (Abb. A.2) zu sehen ist. Dieser Nullmeridian durch die kanarische Insel *El Hierro* geht auf eine Festlegung durch Ptolemäus zurück. Erst 1883 wurde diese Festlegung durch den schon seit längerem von der britischen Seefahrt favorisierten Nullmeridian, der durch die Sternwarte in Greenwich bei London verläuft, offiziell und verbindlich ersetzt. Dieser Nullmeridian wird von der Ekliptik geschnitten, die auf den Segmenten s1 und s8–s12 auf der Nordhalbkugel verzeichnet ist. Das Gradnetz hat einen Abstand von jeweils zehn Längen- bzw. Breitengraden, nur der Nullmeridian weist eine feinere Graduierung auf. Alle fünfzehn Grad sind am Äquator mit römischen Ziffern die Zeitzonen festgehalten, wobei die Ziffer XII auf den Pariser Meridian (20° östliche Länge) fällt.

Maßstab der hier abgedruckten Faksimiles ungefähr: 1 : 1.5

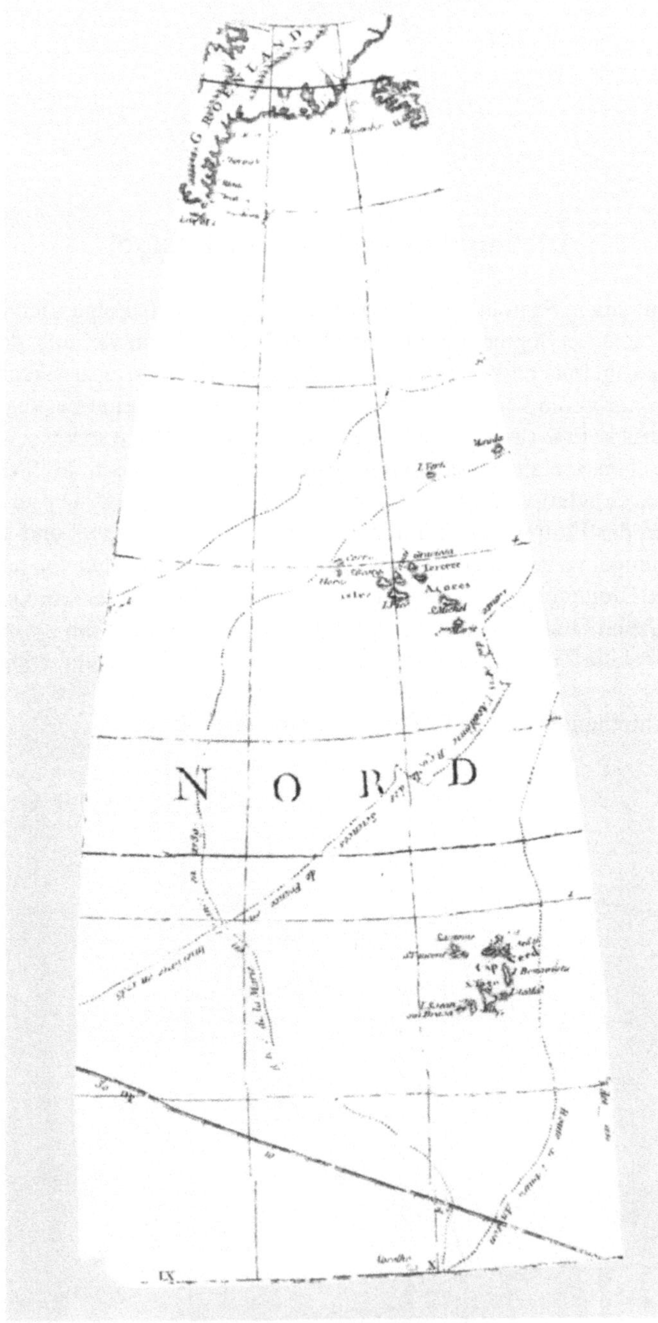

Abb. A.1. Karl-Theodor-Globus, s1
Universitätsbibliothek Heidelberg

Abb. A.2. Karl-Theodor-Globus, s2
Universitätsbibliothek Heidelberg

Abb. A.3. Karl-Theodor-Globus, s3
Universitätsbibliothek Heidelberg

Abb. A.4. Karl-Theodor-Globus, s4
Universitätsbibliothek Heidelberg

Abb. A.5. Karl-Theodor-Globus, s5
Universitätsbibliothek Heidelberg

Abb. A.6. Karl-Theodor-Globus, s6
Universitätsbibliothek Heidelberg

Abb. A.7. Karl-Theodor-Globus, s7
Universitätsbibliothek Heidelberg

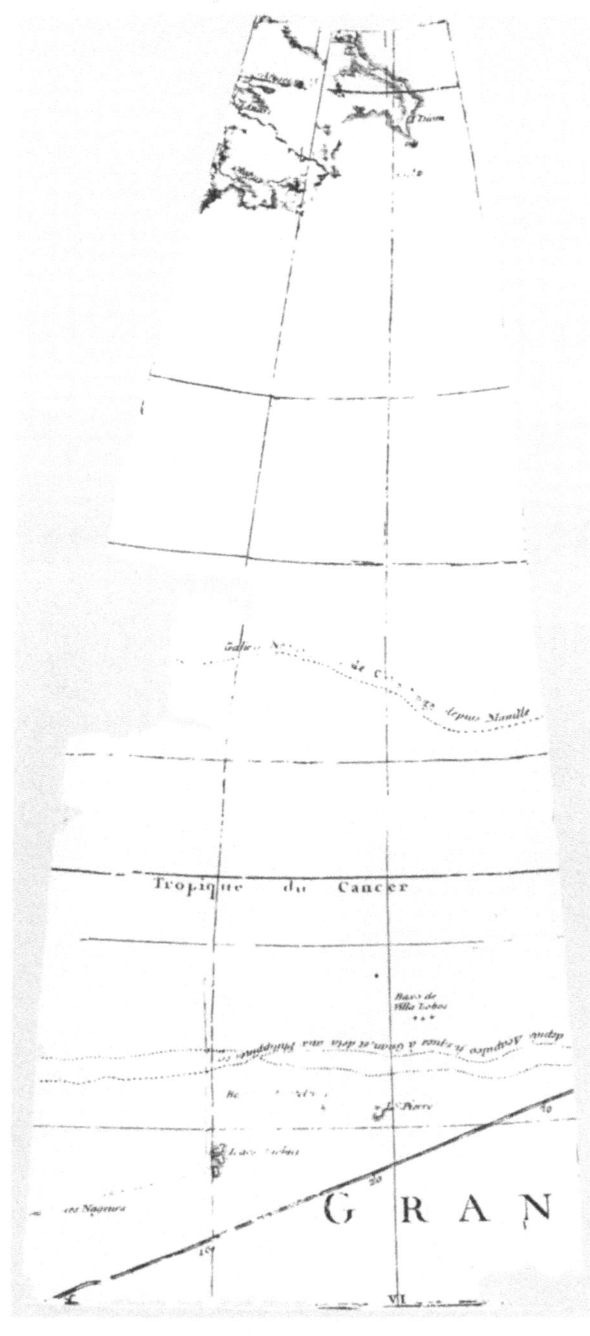

Abb. A.8. Karl-Theodor-Globus, s8
Universitätsbibliothek Heidelberg

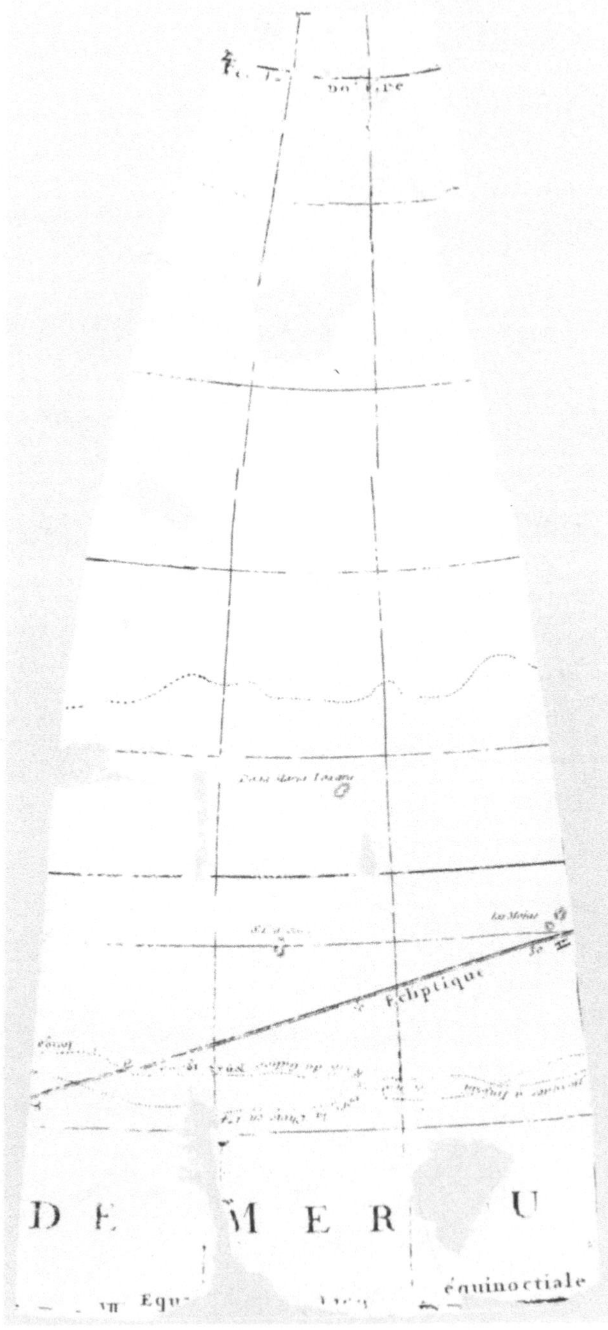

Abb. A.9. Karl-Theodor-Globus, s9
Universitätsbibliothek Heidelberg

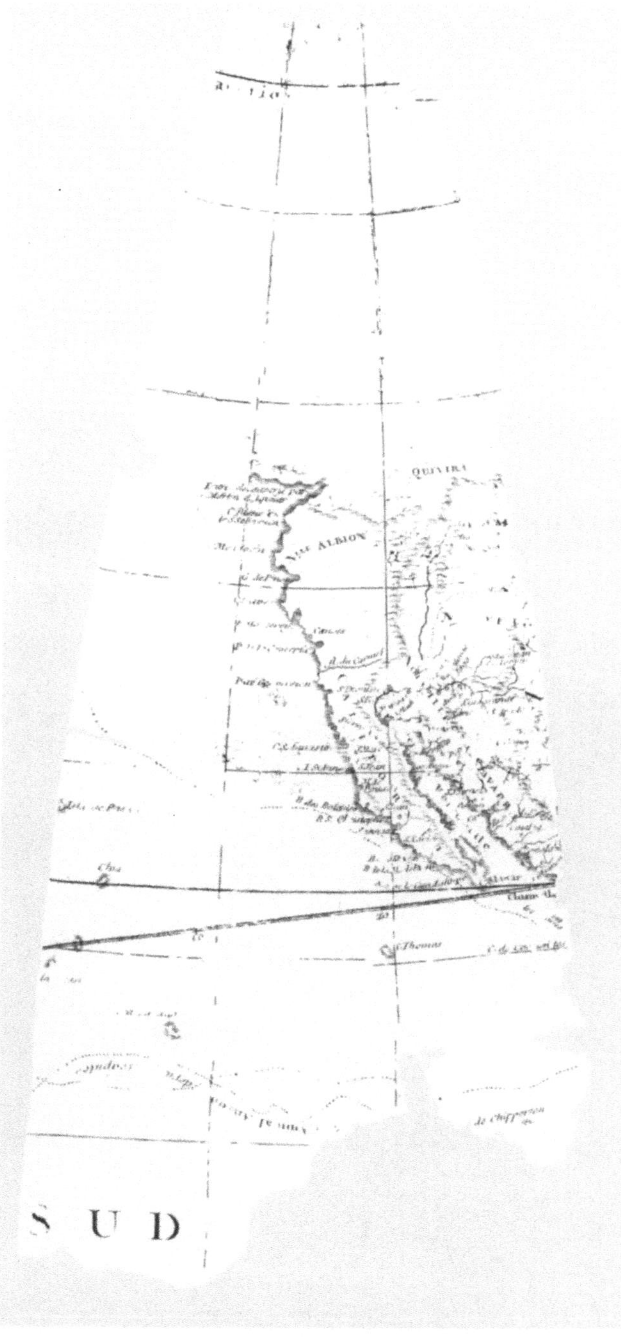

Abb. A.10. Karl-Theodor-Globus, s10
Universitätsbibliothek Heidelberg

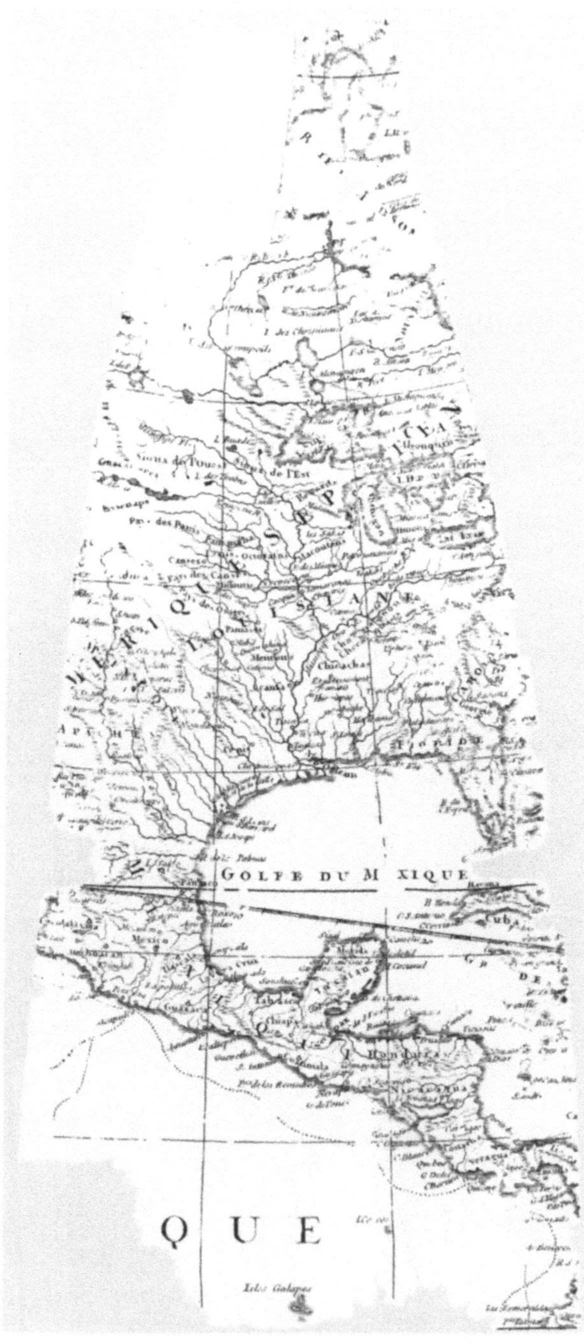

Abb. A.11. Karl-Theodor-Globus, s11
Universitätsbibliothek Heidelberg

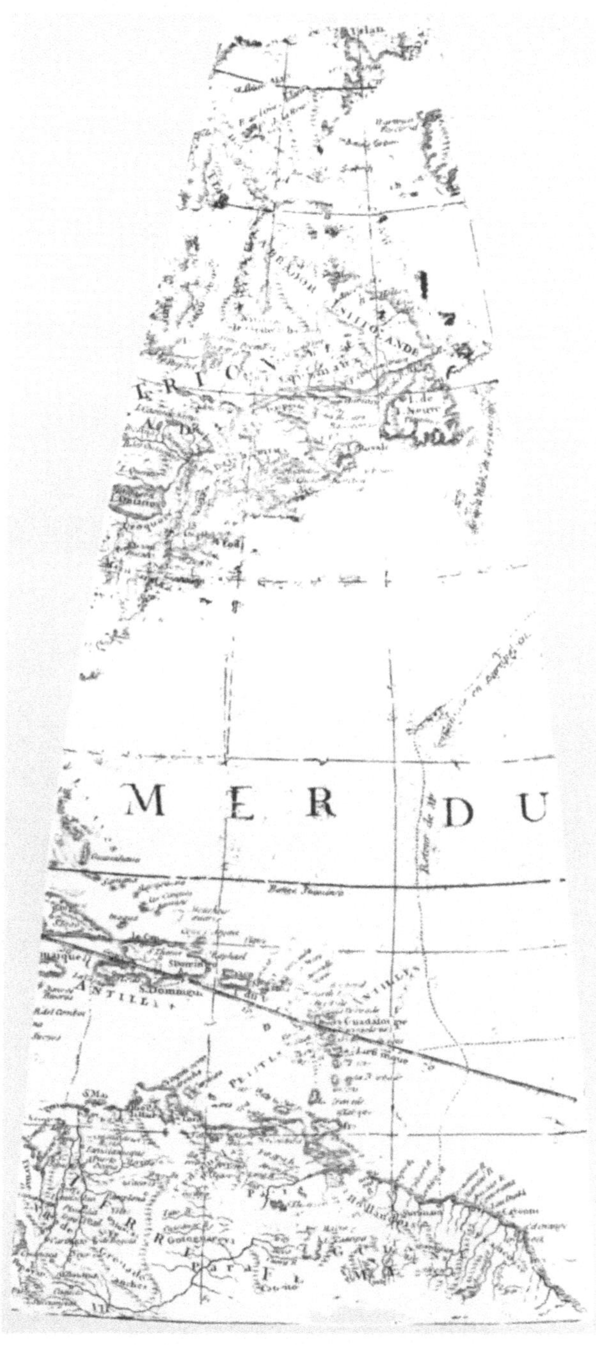

Abb. A.12. Karl-Theodor-Globus, s12
Universitätsbibliothek Heidelberg

A.1.1 Nördliche Polkappe

Die beiden kegelmantelartigen Teile der Polkappe scheinen nicht an besonderen Meridianen orientiert zu sein.

Durch die exponierte Lage waren diese Teile am stärksten verschmutzt und sind daher nur schwer zu entziffern. Zudem sind viele nicht gesichert bekannte Küstenverläufe im Berich des Eismeeres nicht dargestellt worden. Daher wirken diese Karten unvollständig.

Maßstab der faksimilierten Polkappen: 1 : 1

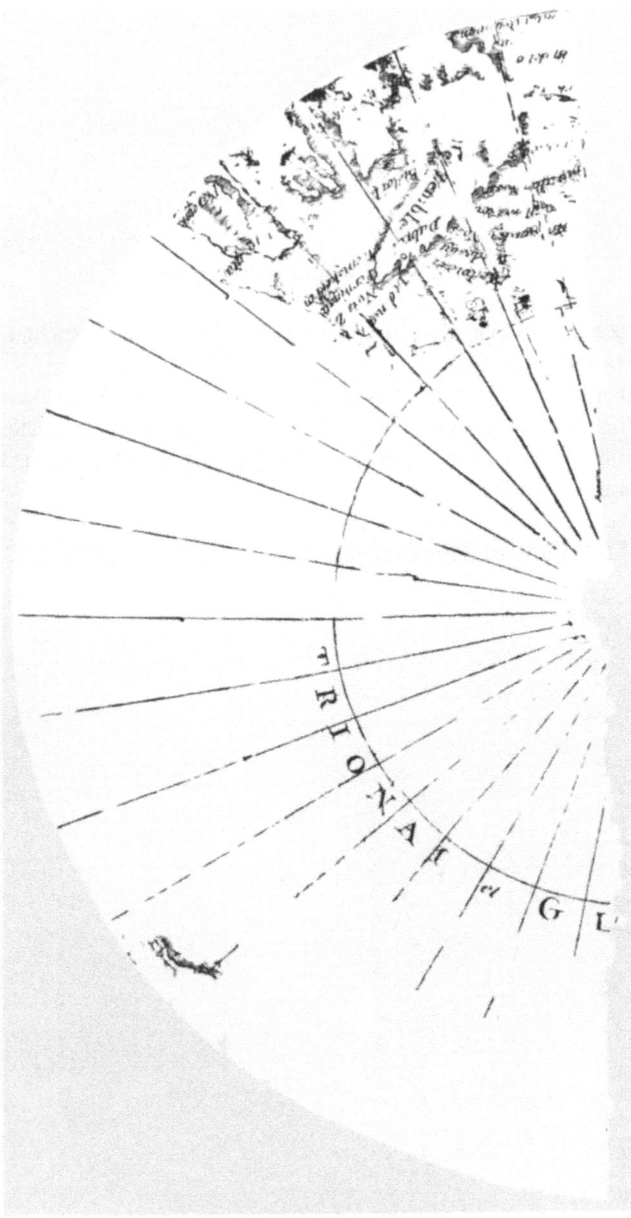

Abb. A.13. Karl-Theodor-Globus, p1
Universitätsbibliothek Heidelberg

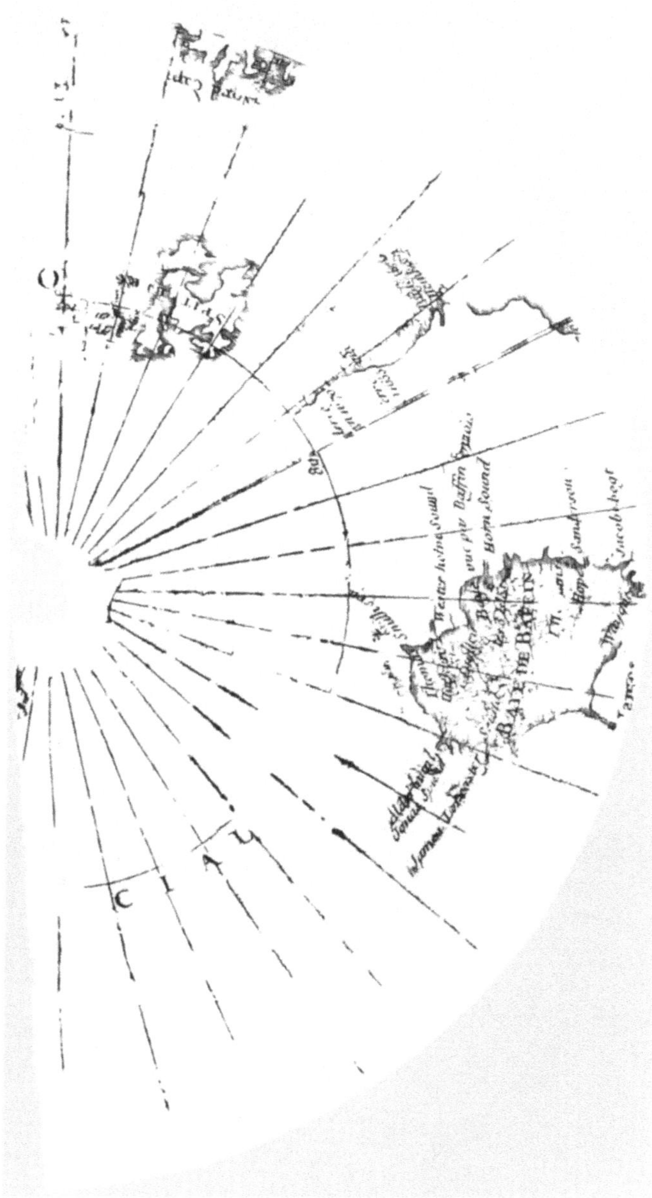

Abb. A.14. Karl-Theodor-Globus, p2
Universitätsbibliothek Heidelberg

A.2 Segmente der Südhalbkugel

Entsprechend der Nummerierung auf der nördlichen Hemisphäre sind die südlichen Segmente im Atlantik beginnend nach Osten fortlaufend durchnummeriert und mit dem Zusatz *a* versehen worden.

Die Ekliptik verläuft auf den Sementen s2*a* bis s7*a* und ist wie auch auf der Nordhalbkugel als Doppellinie mit abwechselnd heller und dunkler Gradeinteilung versehen. Am Schnittpunkt mit dem Nullmeridian am Äquator ist das Symbol des Sternzeichens Waage (siehe Abb. A.16) eingezeichnet, gefolgt von den Ziffern 10, 20 und 30. Hier schließt direkt das Symbol des Sternzeichens Skorpion (siehe Abb. A.17) und eine erneute Zählung durch dieses Sternzeichen an. Auf Segment s5*a* (siehe Abb. A.19) tangiert die Ekliptik den Wendekreis des Steinbocks, die Wintersonnenwende.

Maßstab der hier abgedruckten Faksimiles ungefähr: 1 : 1.5

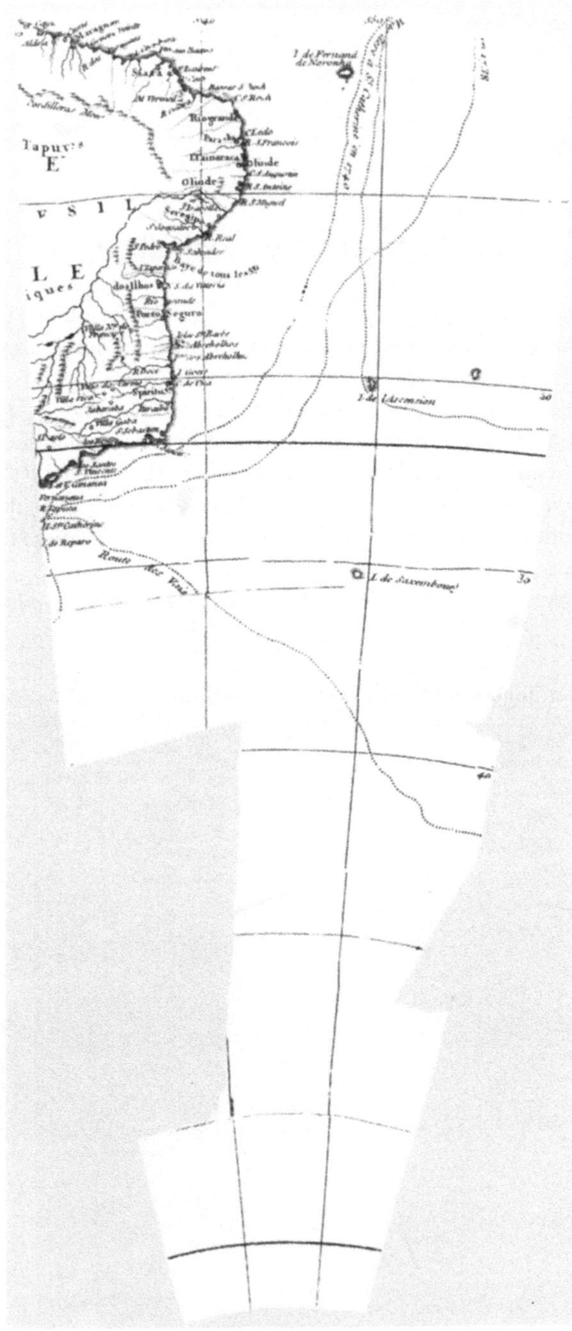

Abb. A.15. Karl-Theodor-Globus, s1*a*
Universitätsbibliothek Heidelberg

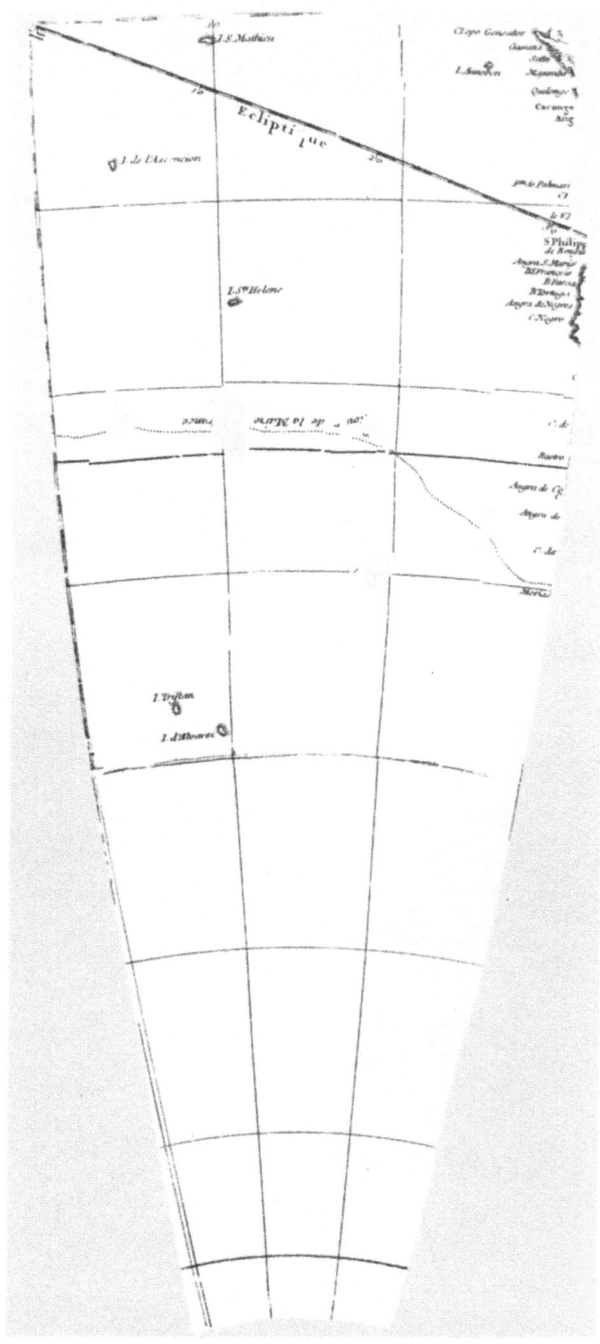

Abb. A.16. Karl-Theodor-Globus, s2*a*
Universitätsbibliothek Heidelberg

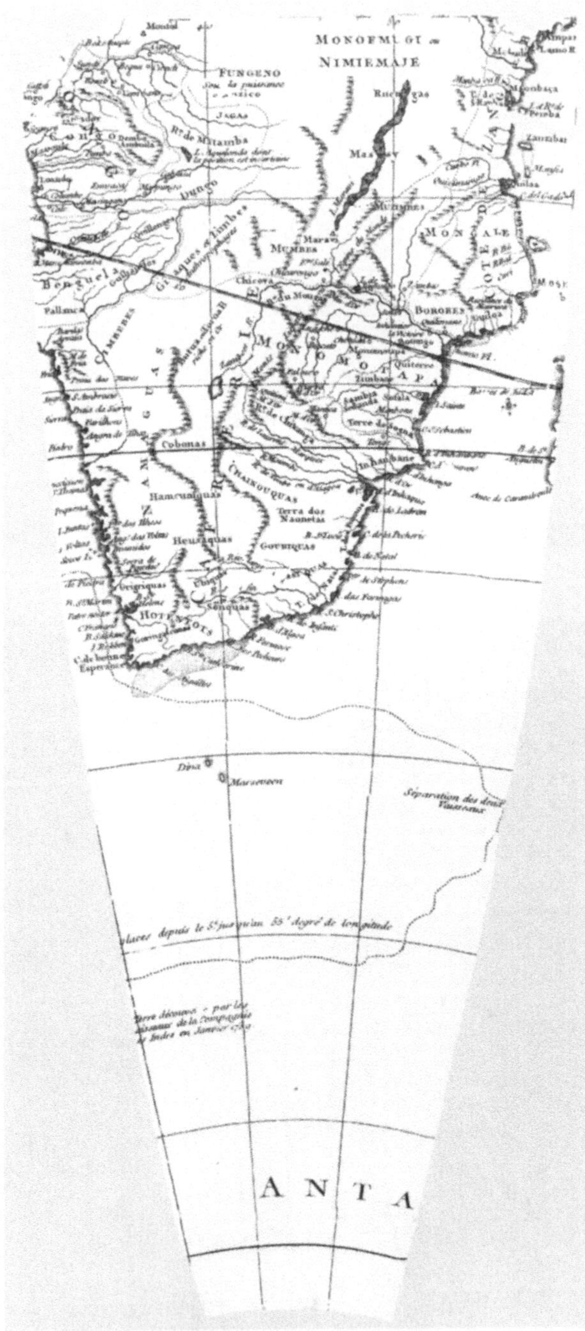

Abb. A.17. Karl-Theodor-Globus, s3*a*
Universitätsbibliothek Heidelberg

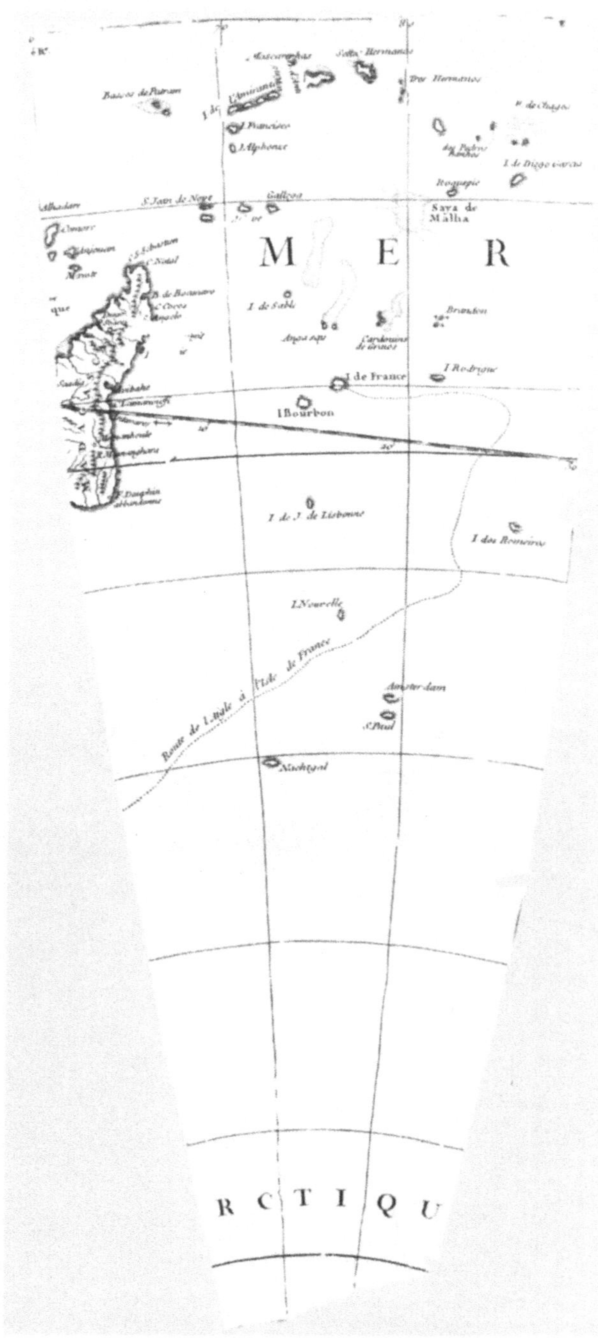

Abb. A.18. Karl-Theodor-Globus, s4*a*
Universitätsbibliothek Heidelberg

Abb. A.19. Karl-Theodor-Globus, s5*a*
Universitätsbibliothek Heidelberg

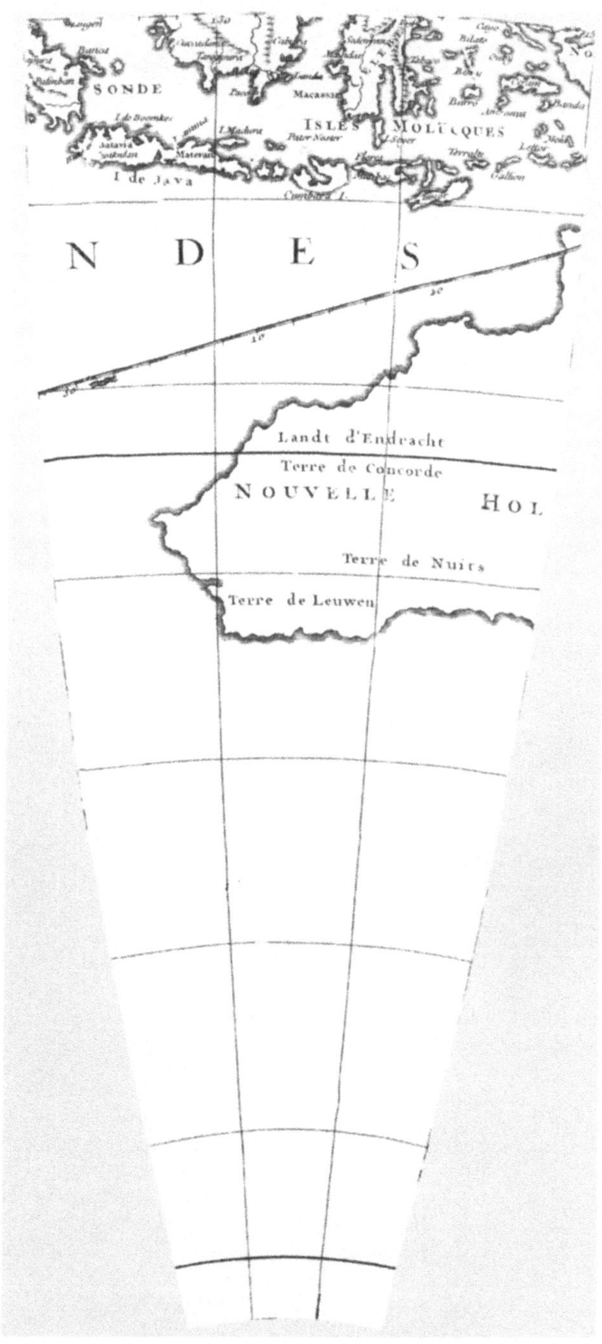

Abb. A.20. Karl-Theodor-Globus, s6*a*
Universitätsbibliothek Heidelberg

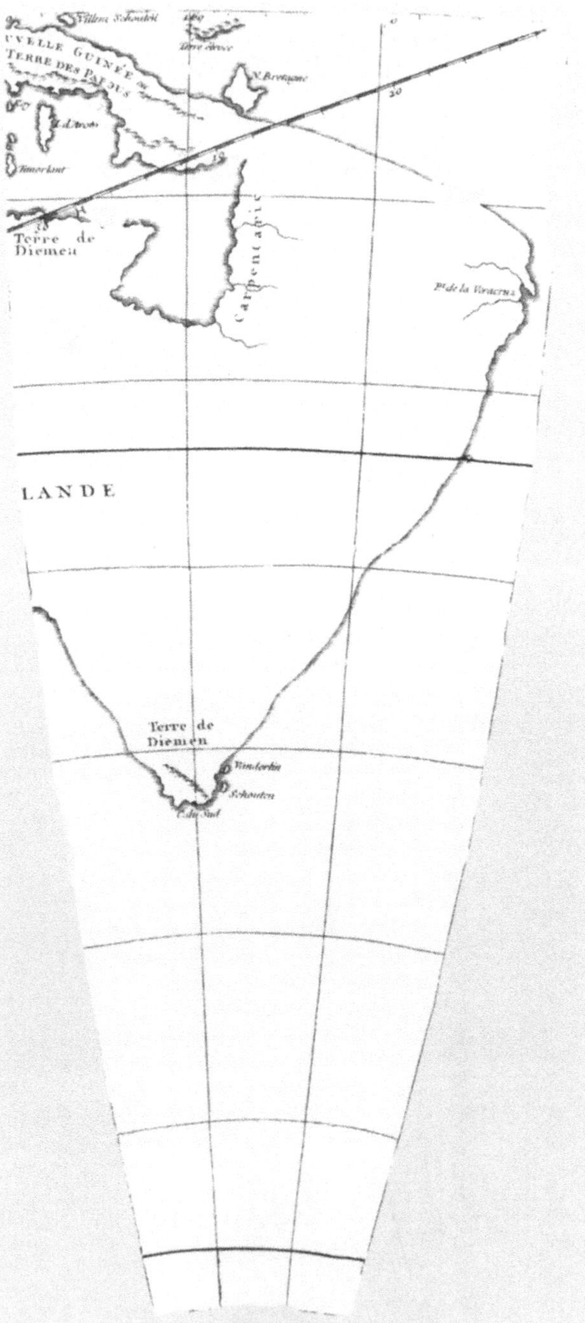

Abb. A.21. Karl-Theodor-Globus, s7*a*
Universitätsbibliothek Heidelberg

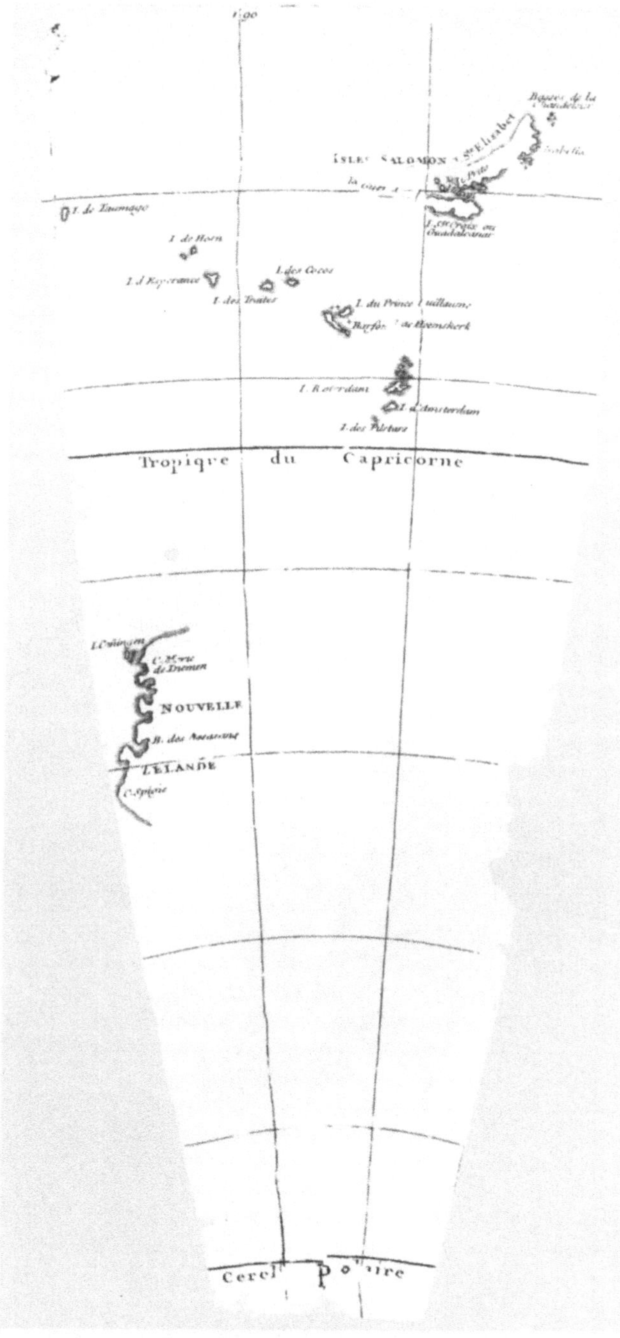

Abb. A.22. Karl-Theodor-Globus, s8*a*
Universitätsbibliothek Heidelberg

Abb. A.23. Karl-Theodor-Globus, *s9a*
Universitätsbibliothek Heidelberg

Abb. A.24. Karl-Theodor-Globus, s10*a*
Universitätsbibliothek Heidelberg

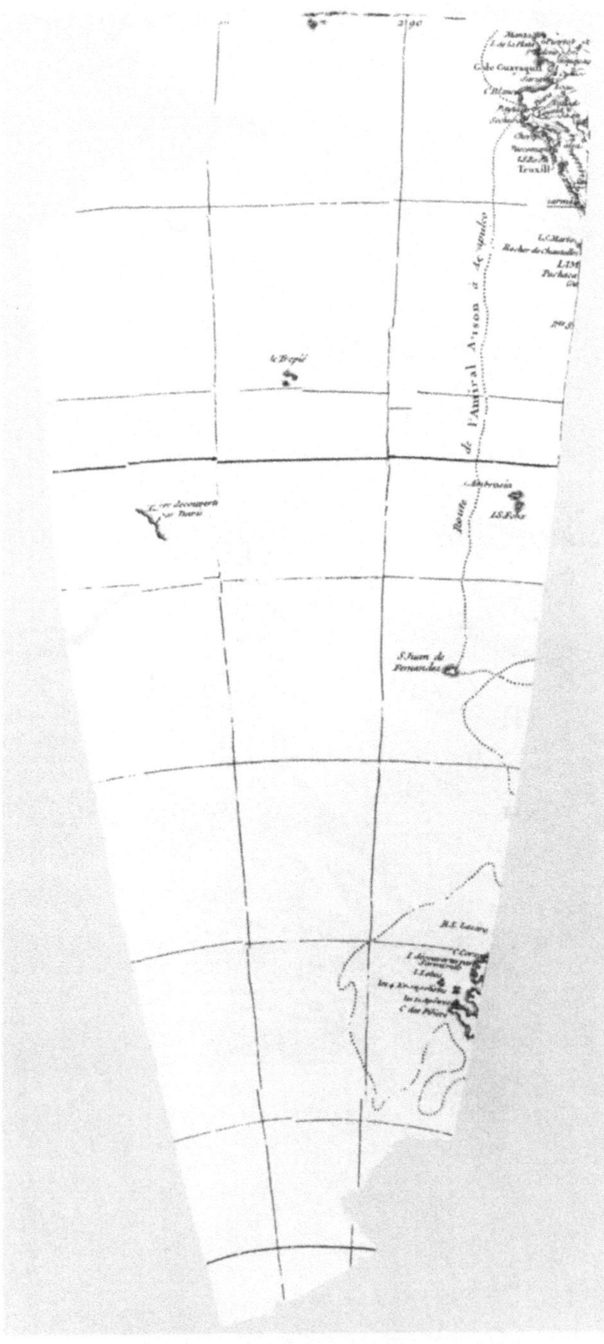

Abb. A.25. Karl-Theodor-Globus, s11*a*
Universitätsbibliothek Heidelberg

Abb. A.26. Karl-Theodor-Globus, s12*a*
Universitätsbibliothek Heidelberg

A.2.1 Südliche Polkappe

Im Anschluss sind die zwei kegelmantelartigen Teile der südlichen Polkappe aufgeführt. Es fällt auf, dass der Kontinent der Antarktis zum Zeitpunkt des Entstehens dieses Globus noch gänzlich unbekannt ist. Da nur verlässlich bekannte Küstenlinien in die Karten aufgenommen wurden, ist hier einzig das Gradnetz dargestellt. Der Nullmeridian ist als Doppellinie auf p1a hervorgehoben.

Maßstab der hier abgedruckten Faksimiles: 1 : 1

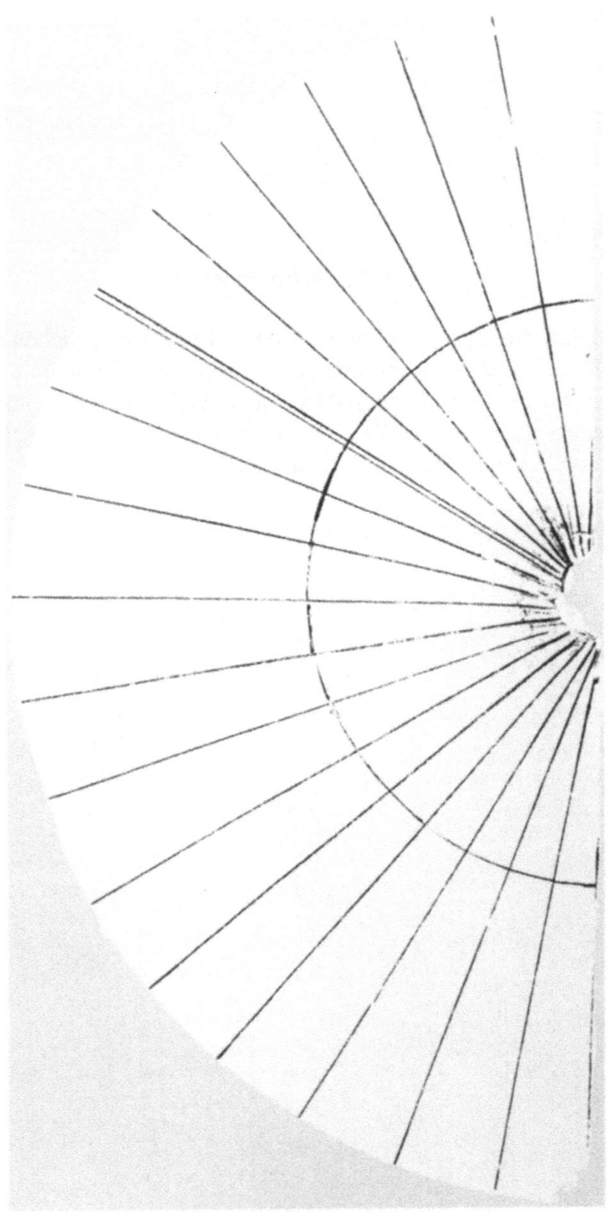

Abb. A.27. Karl-Theodor-Globus, p1*a*
Universitätsbibliothek Heidelberg

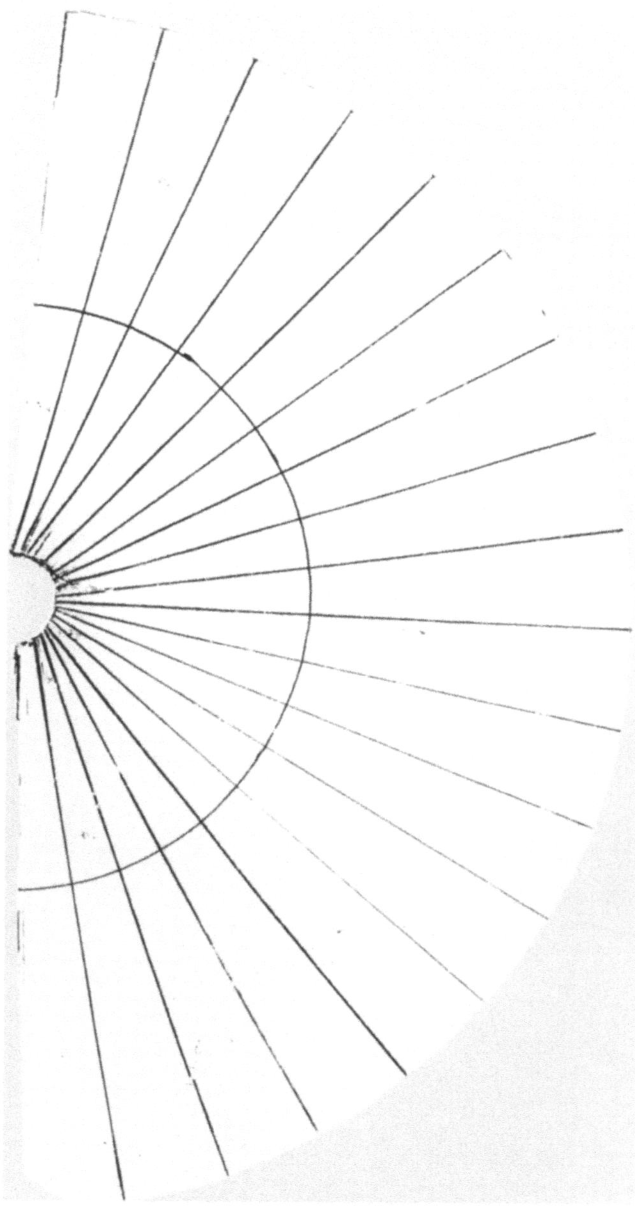

Abb. A.28. Karl-Theodor-Globus, p2*a*
Universitätsbibliothek Heidelberg

A.3 Achtteiliger Horizontring

Aufgrund ihrer horizontalen Lage sind die Kupferstiche auf dem Horizontring den Einwirkungen von Schmutz und Staub am stärksten ausgesetzt gewesen und daher am schlechtesten erhalten. Hier musste der größte Aufwand getrieben werden, um die Strukturen der einzelnen Tierkreiszeichen unter den Verschmutzungen herauszuarbeiten.

Maßstab der hier abgedruckten Faksimiles ungefähr: 1 : 1.2

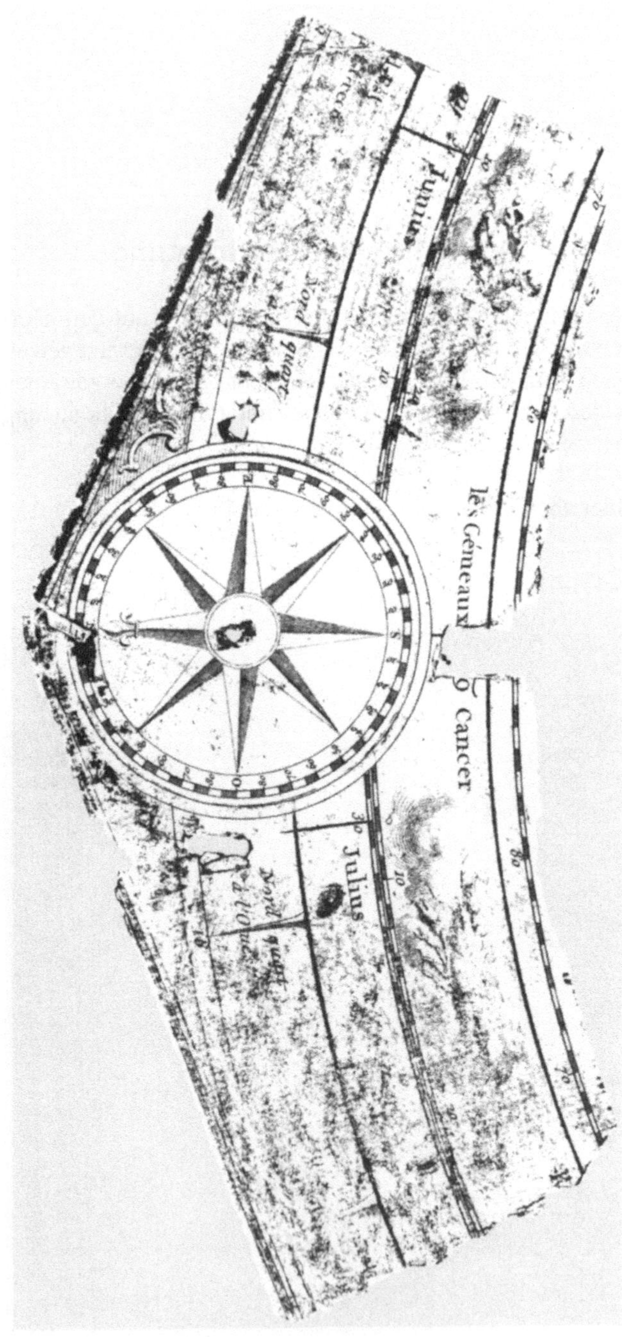

Abb. A.29. Karl-Theodor-Globus, h1
Universitätsbibliothek Heidelberg

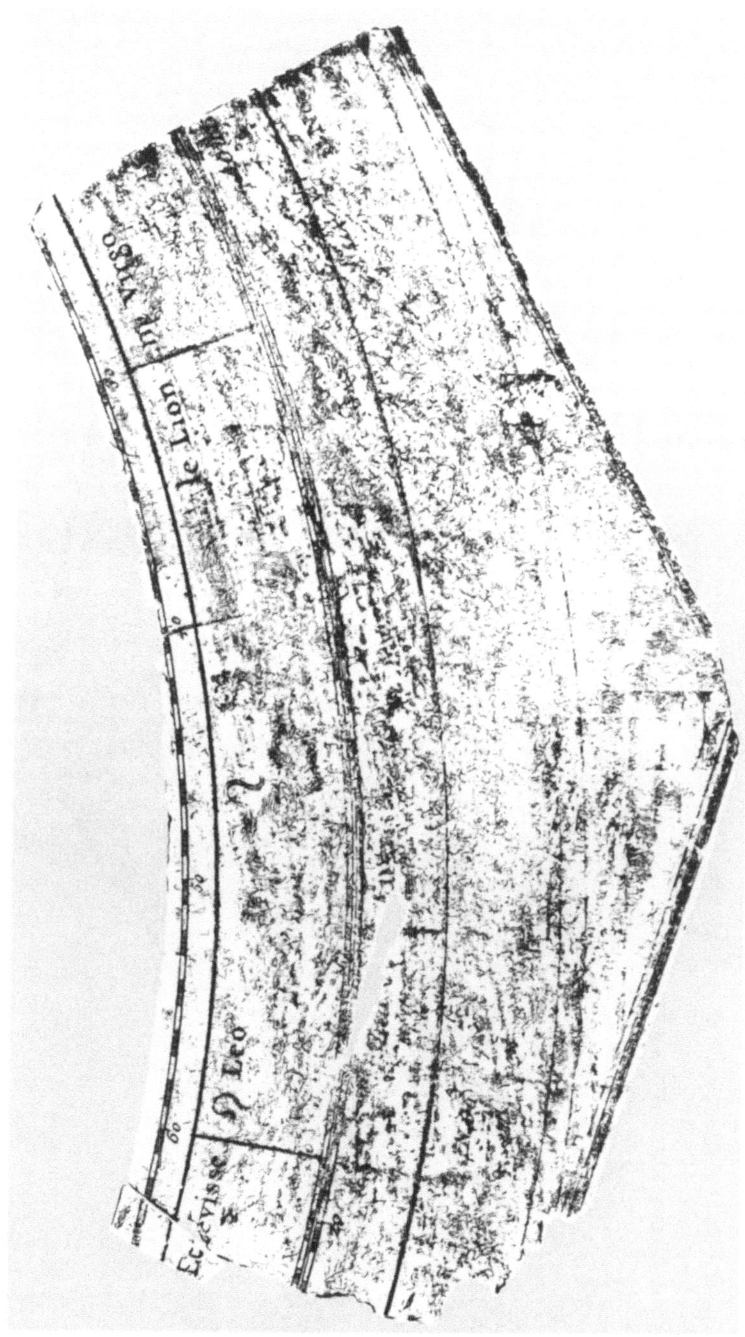

Abb. A.30. Karl-Theodor-Globus, h2
Universitätsbibliothek Heidelberg

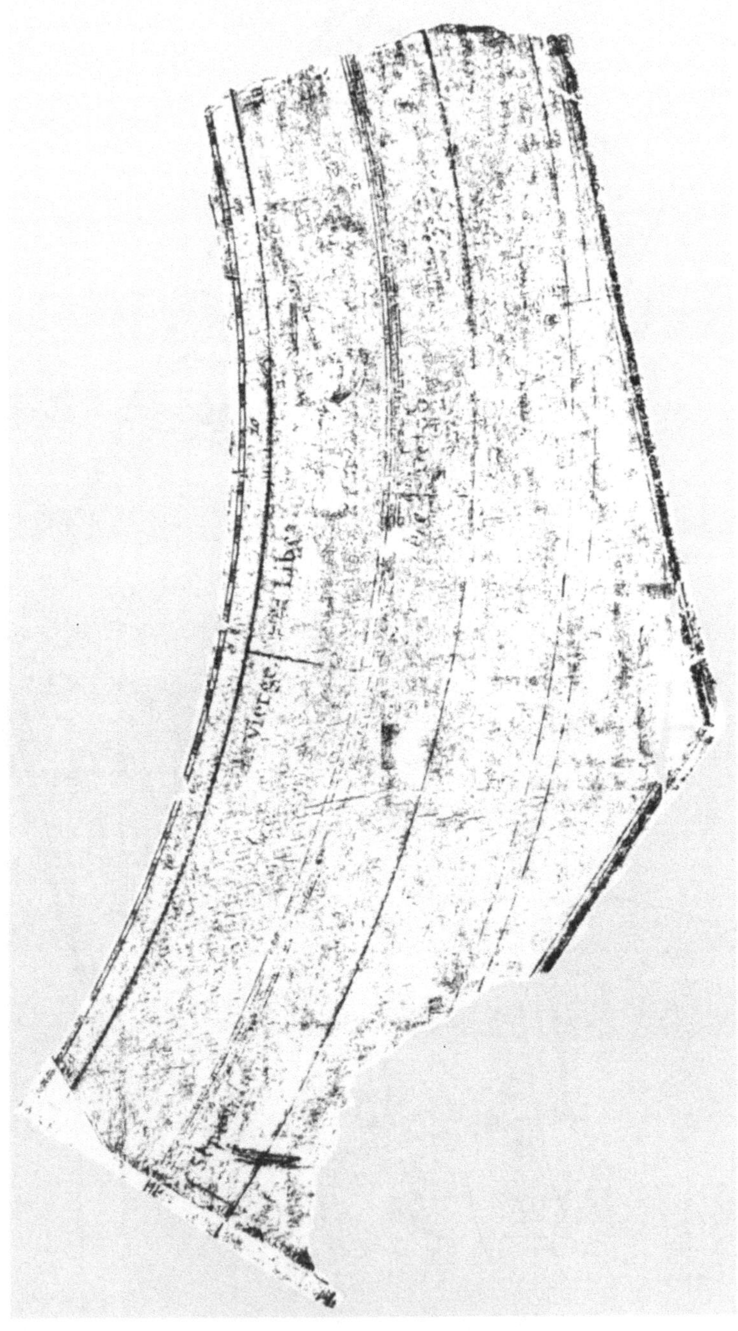

Abb. A.31. Karl-Theodor-Globus, h3
Universitätsbibliothek Heidelberg

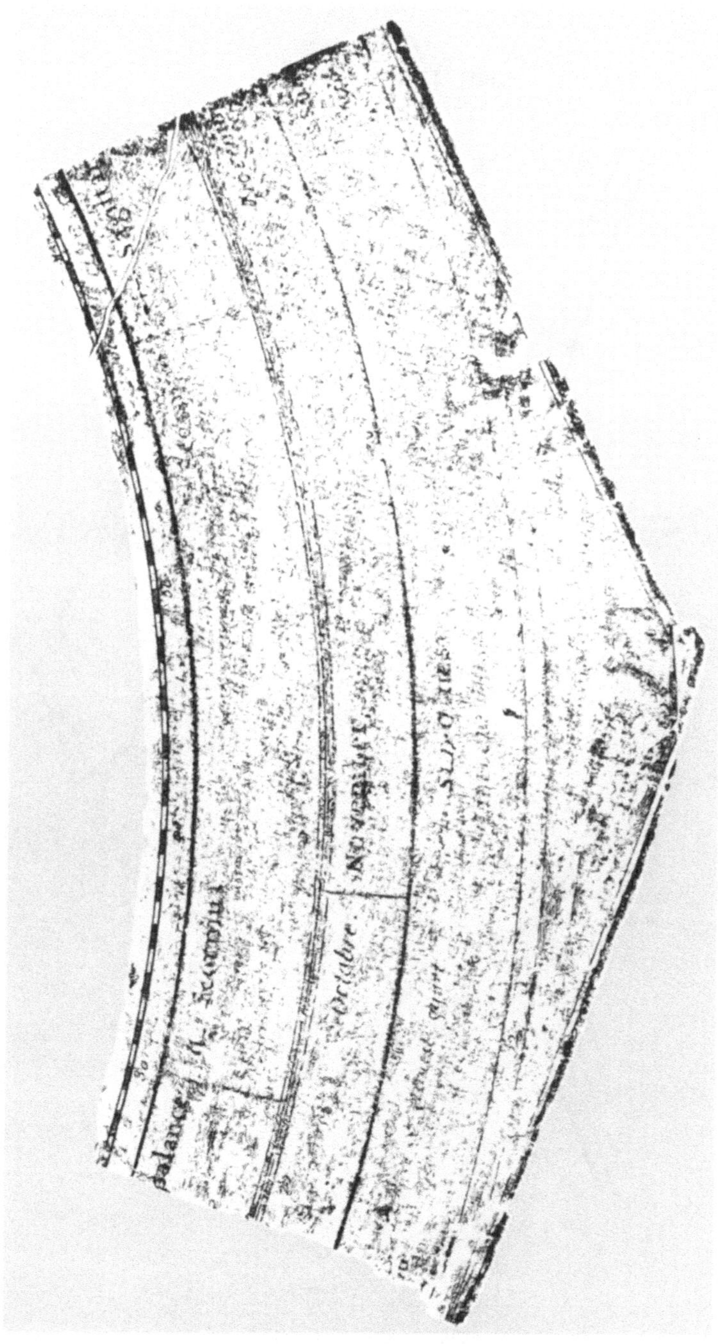

Abb. A.32. Karl-Theodor-Globus, h4
Universitätsbibliothek Heidelberg

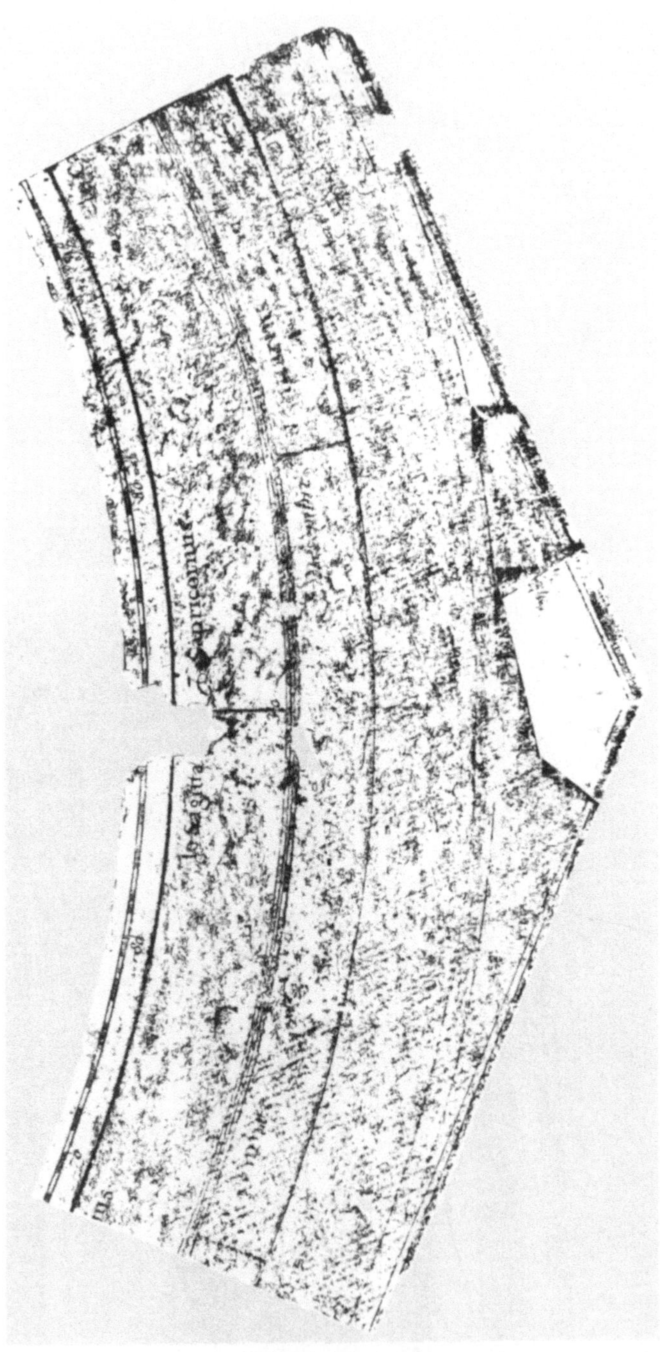

Abb. A.33. Karl-Theodor-Globus, h5
Universitätsbibliothek Heidelberg

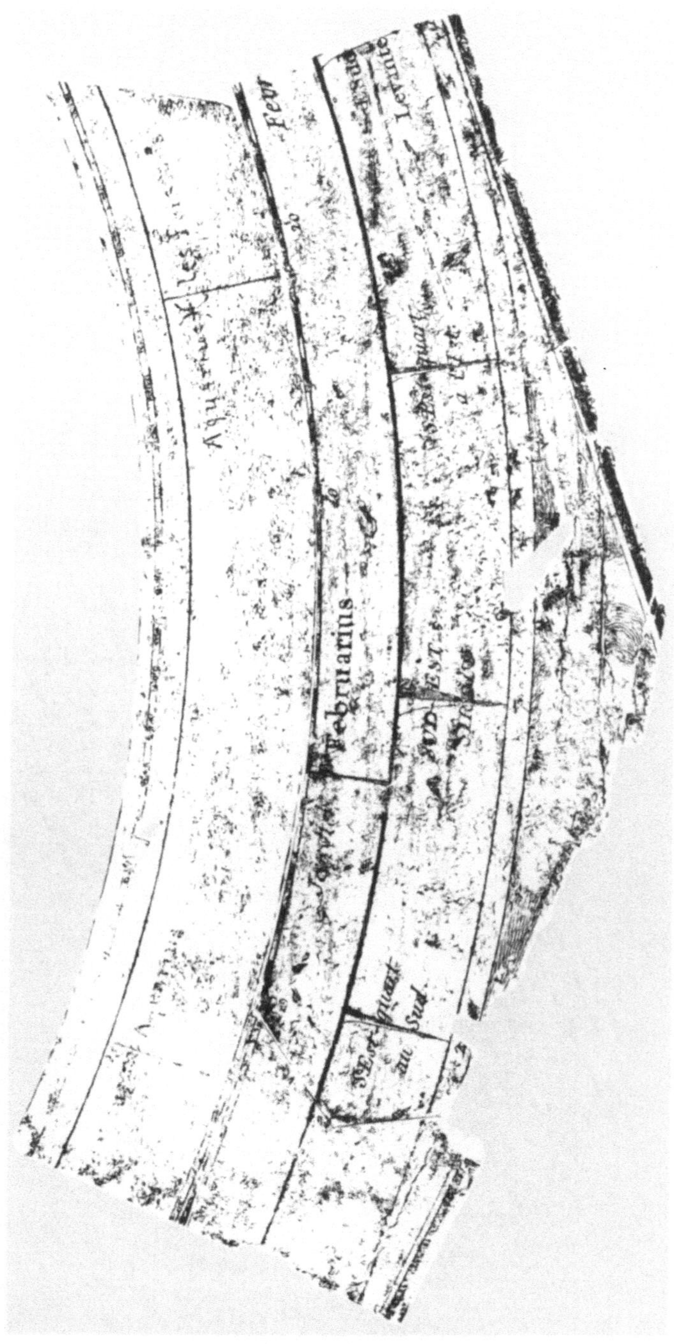

Abb. A.34. Karl-Theodor-Globus, h6
Universitätsbibliothek Heidelberg

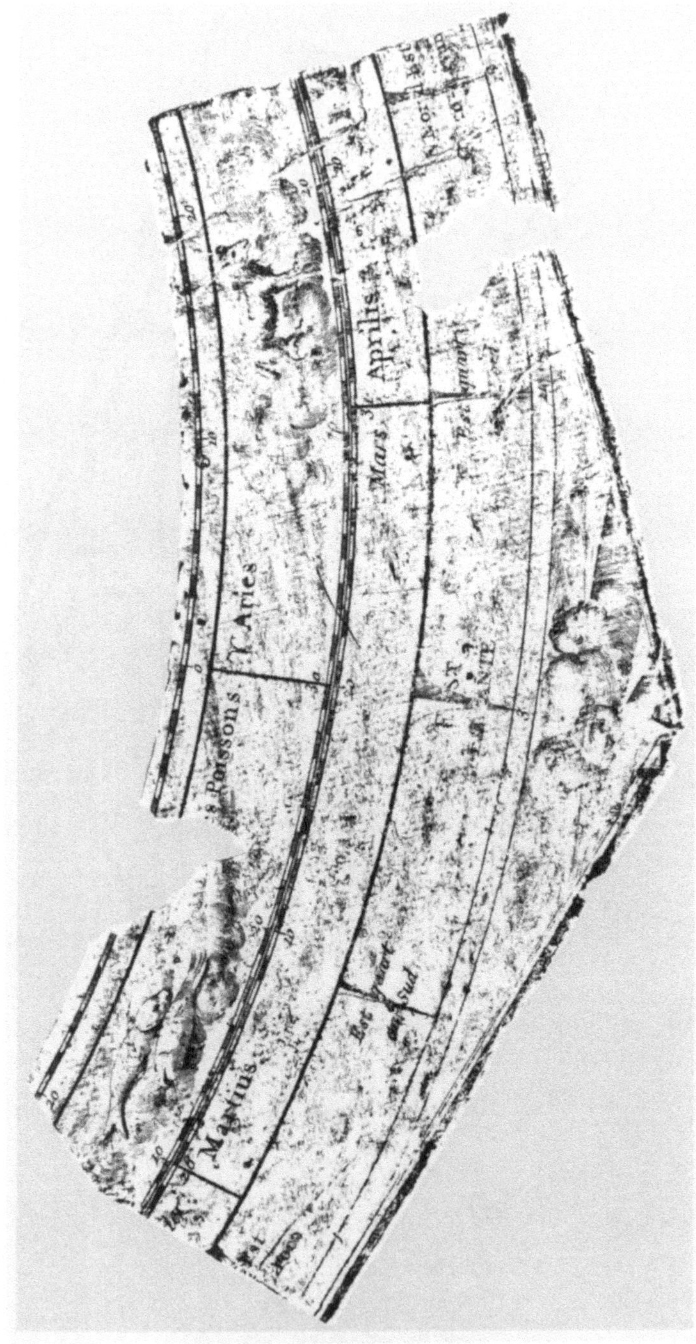

Abb. A.35. Karl-Theodor-Globus, h7
Universitätsbibliothek Heidelberg

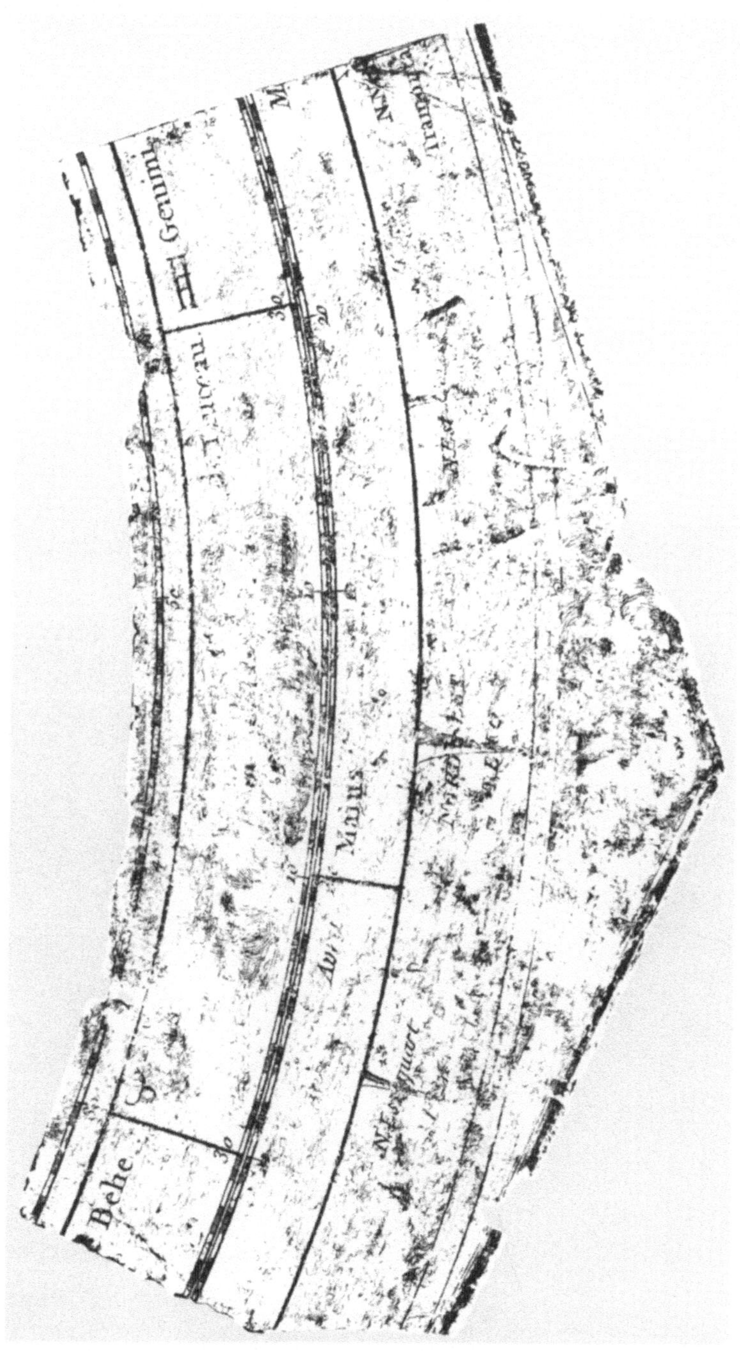

Abb. A.36. Karl-Theodor-Globus, h8
Universitätsbibliothek Heidelberg

Abbildungsnachweis

Abkürzungen und Adressen der Institutionen

GfKR: Gruppe für Konservierung und Restaurierung von Gemälden, Skulpturen, Möbeln und Holzobjekten, Lambertstraße 9, 51063 Köln, Germany

GLA Karlsruhe: Generallandesarchiv Karlsruhe, Nördliche Hildapromenade 2, 76133 Karlsruhe, Germany

IWR, Universität Heidelberg: Interdisziplinäres Zentrum für Wissenschaftliches Rechnen der Universität Heidelberg, Im Neuenheimer Feld 368, 69120 Heidelberg, Germany

JFBL, University of Minnesota, Minneapolis: The James Ford Bell Library, 472 Wilson Library, 309 19th Avenue South, Minneapolis, Minnesota 55455, USA

KM Heidelberg: Kurpfälzisches Museum Heidelberg, Schiffgasse 10, 69117 Heidelberg, Germany

LTA Mannheim: Landesmuseum für Technik und Arbeit, Museumsstraße 1, 68165 Mannheim, Germany

NMM Greenwich: National Maritime Museum, Park Row, Greenwich, London SE10 9NF, UK

REM Mannheim: Reiss-Engelhorn-Museum Mannheim, Zeughaus C5, 68159 Mannheim, Germany

Städel, Frankfurt: Städelsches Kunstinstitut, Dürerstraße 2, 60596 Frankfurt am Main, Germany

UB Heidelberg: Universitätsbibliothek Heidelberg, Plöck 107–109, 69117 Heidelberg, Germany

Abbildungsverzeichnis

Sachverzeichnis